Rebell SC2080S

Schnelleinstieg

Anwendungsaufgaben und Beispiele

Vorwort / Hinweise zur Arbeit mit diesem Buch

Die Marke Rebell ist eingetragenes Warenzeichen der Firma Moravia Europe.

Dieses Buch soll einen Schnelleinstieg in die Arbeit mit dem Taschenrechnern Rebell SC2080S ermöglichen.

Dieses Heft ersetzt nicht die Bedienungsanleitung von Rebell, die auf der Rebell-Homepage http://www.rebell4you.com/ herunter geladen werden kann.

Der Aufbau des Buches

In dem Buch zum Rebell SC2080S, gibt es mehrere Kapitel, welche durch Unterkapitel gegliedert sind. Angefangen mit der Allgemeinen Bedienung bis hin zu Themen wie Wahrscheinlichkeitsrechnung, Regression und vieles mehr.
Zu Beginn jedes Kapitels wird dir kurz erläutert, worum es sich bei diesem Kapitel handelt. Anschließend werden dir Beispiele gezeigt.

Du findest am Ende einiger Kapitel Übungsaufgaben, sofern es sich um Aufgabenbereiche handelt, bei denen einfach gerechnet werden kann. Die Lösungen findest du ab Seite 74 im Buch.

Learning by Doing, du kannst dich direkt nach einem gelesenen Kapitel selbst testen und es ausprobieren.

Haftungsausschluss

Dieses Buch wurde nach bestem Wissen zusammengestellt. Deshalb können Autor und Herausgeber des Buches keinerlei Haftung für Druckfehler oder eventuell fehlerhaft wiedergegebene Inhalte übernehmen.

Inhaltsverzeichnis

1 EINFÜHRUNG / EINSTELLUNGEN 6
1.1 Allgemeine Bedienung 6
1.2 Der Rechenmodus 7
1.3 Einstellungen / Setup 7
1.4 Das Winkelmaß - Grad- oder Bogenmaß 8
1.5 Die Bruchdarstellung 8
1.6 Grundlegende Eingaben / Rechnungen 9
1.7 Der Antwortspeicher 10
1.8 Übungen zur grundlegenden Bedienung 11

2 ALLGEMEINE BERECHNUNGEN 12
2.1 Zahlendarstellung 12
2.2 Runden 14
2.3 Bruchrechnung 15
2.4 Die Grundgrößen der Prozentrechnung 17
2.5 Wurzeln und Potenzen 18
2.6 Zufallszahlen 21
2.7 Ganzzahlige Zufallszahlen in einem Bereich 21
2.8 Trigonometrie - Sinus, Cosinus, etc. 22

3 EINHEITEN UMRECHNEN 25
3.1 Allgemeiner Aufruf 25

4 RECHNEN MIT WISSENSCHAFTLICHEN KONSTANTEN 28

5 TERME, GLEICHUNGEN UND GLEICHUNGSSYSTEME 29
5.1 Terme 29
5.2 Gleichungen und Gleichungssysteme 30

6 FUNKTIONEN **34**

6.1 Funktionswerte an einer Stelle x bestimmen 34

6.2 Tabellen mit Funktionswerten füllen 35

6.3 Übung – Funktionswerte in Wertetabelle darstellen 36

7 STATISTISCHE BERECHNUNGEN **37**

7.1 Stichproben / Mittelwert / Standardabweichung 37

7.2 Statistische Funktionen - Einzelne Werte 38

7.3 Relative Häufigkeiten/Wahrscheinlichkeitsverteilung 39

8 WAHRSCHEINLICHKEITSRECHNUNG **41**

8.1 Kombinatorik 41

8.2 Binomialverteilung 42

9 ANALYSIS **43**

9.1 Regressionsberechnungen 43

9.2 Ableitung einer Funktion $f(x)$ an einer Stelle $x0$ 47

9.3 Extremstellen bestimmen 48

9.4 Wendestelle einer Funktion bestimmen 49

9.5 Bestimmtes Integral 50

9.6 Fläche zwischen den Graphen von zwei Funktionen 50

9.7 Volumen von Rotationskörpern 51

10 VEKTORRECHNUNG **52**

10.1 Einfache Vektoroperationen 52

10.2 Standardaufgaben der Vektorrechnung 56

11 RECHNEN MIT MATRIZEN **71**

11.1 Matrizen im Vektorspeicher hinterlegen 71

11.2 Rechnen mit Matrizen – Addition, Vervielfachen 72

11.3 Determinante - Transponierte - Stufenform 73

12 LÖSUNGEN ZU DEN ÜBUNGSAUFGABEN 74

12.1 Lösungen zu Kapitel 1 74

12.2 Lösungen zu Kapitel 2 76

12.3 Lösungen zu Kapitel 3 80

12.4 Lösungen zu Kapitel 5 81

12.5 Lösungen zu Kapitel 6 82

13 ÜBUNGSAUFGABEN FÜR DEN TASCHENRECHNER 83

13.1 Bruchrechnen 83

13.2 Prozentrechnung 85

13.3 Zinsrechnung 86

13.4 Anwendungsaufgabe – Fliesen verlegen 87

13.5 Anwendungsaufgabe – Renovierung 88

13.6 Anwendungsaufgabe – Hausbau 89

13.7 Prozentrechnung / Verhältnisse / Dreisatz 90

13.8 Lösungen zu den Übungsaufgaben 91

14 ABITURAUFGABEN 95

14.1 Aufgaben zur Analysis 95

14.2 Aufgaben zur Vektorrechnung 97

14.3 Aufgaben zur Wahrscheinlichkeitsrechnung 99

15 WICHTIGE BEFEHLE | SHORTCUTS 100

16 INDEX | STICHWORTVERZEICHNIS 103

1 Einführung / Einstellungen

1.1 Allgemeine Bedienung

Der Rechner hat eine Vielzahl von Funktionen, die nur dadurch auf der Tastatur abgebildet werden können, indem **Tasten doppelt** oder **dreifach belegt** sind. Um von der ersten Tastenebene die zweite oder dritte Ebene zu wählen, existieren die Tasten **2nd** (weiß) und **ALPHA** (rot).

Die wichtigsten Tasten für den Start

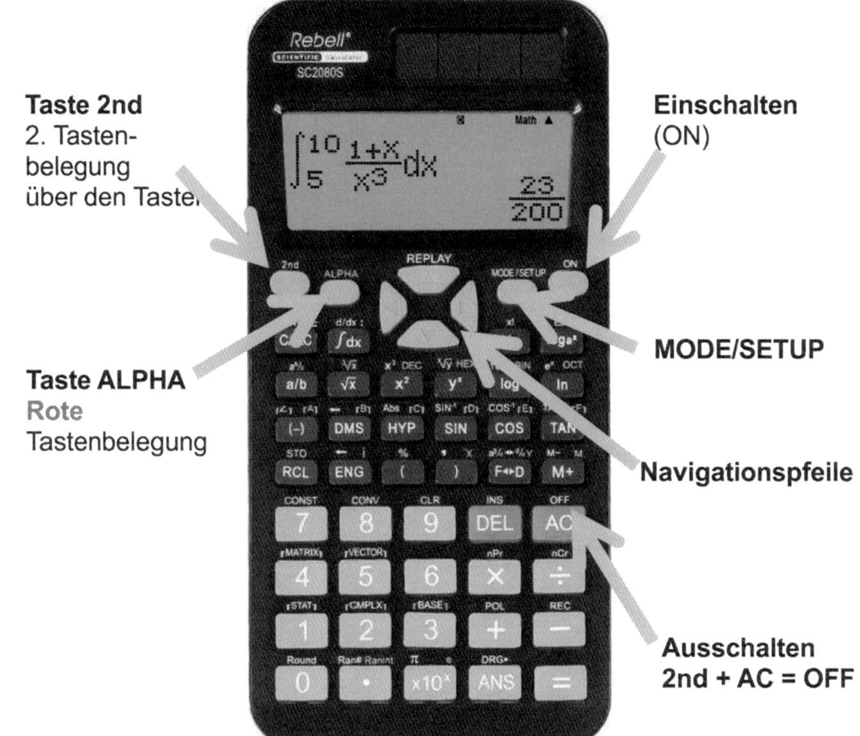

1.2 Der Rechenmodus

1.2.1 MODE/SETUP

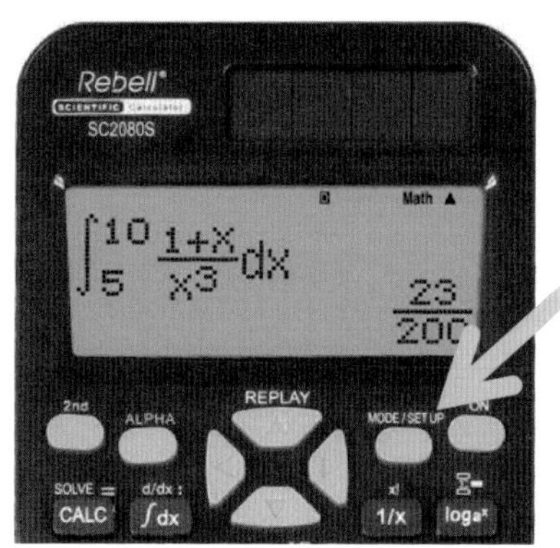

Mit dem Button rechts oben unter dem Text **MODE/SETUP** kannst du immer wieder in ein Menü zurückkehren, in dem der Modus des Rechners gewählt werden kann.

Einer der 8 Menüpunkte wird durch Drücken der entsprechenden Nummer auf der Tastatur ausgewählt.

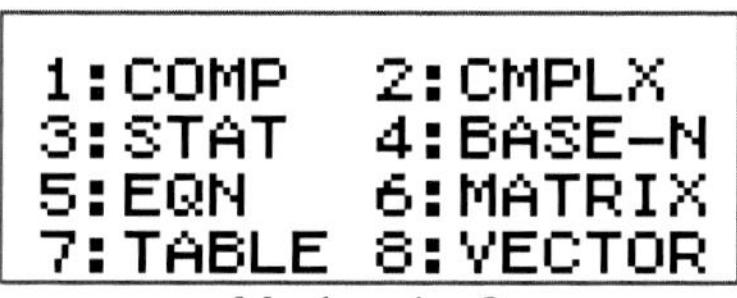

Modus 1 - 8

1: COMP	Berechnungen, Standard für alle Rechenaufgaben
2: CMPLX	Rechnen mit komplexen Zahlen
3: STAT	Statistische und Regressionsberechnungen
4: BASE-N	Rechnen in verschiedenen Zahlensystemen (Basis-N)
5: EQN	Gleichungen lösen
6: MATRIX	Rechnen mit Matrizen
7: TABLE	Tabellen mit Funktionswerten füllen
8: VECTOR	Rechnen mit Vektoren

1.3 Einstellungen / Setup

Mit Drücken der **2nd - Taste** und anschließend der **MODE - Taste** kommt man zu den Einstellungen (**SETUP**).

Mit **2nd + MODE** gelangt man in das Fenster für die allgemeinen Einstellungen des Taschenrechners. Insgesamt gibt es 2 Fenster. Im ersten Fenster hat man 8 Einstellungsoptionen, im zweiten Fenster weitere 6. Zwischen den einzelnen Fenstern springt man mit dem Pfeil nach unten im Navigationsring:

```
1:MthIO 2:LineIO
3:Deg   4:Rad
5:Gra   6:Fix
7:Sci   8:Norm
```

1. Fenster mit Einstellungen

```
1:ab/c  2:d/c
3:CMPLX 4:STAT
5:TABLE 6:Rdec
7:Disp  8:◄CONT►
```

2. Fenster mit Einstellungen

An dem schwarzen Pfeil oben rechts im Fenster kann man erkennen, ob man nach unten oder oben blättern kann.

1.4 Das Winkelmaß - Grad- oder Bogenmaß

Im Unterricht ist in der Geometrie sowie Trigonometrie beim Rechnen mit Winkeln und Winkelfunktionen die Einstellung des Winkelmaßes wichtig. Hierzu haben wir mit den Menüpunkten **3: Deg**, **4: Rad**, **5: Gra** folgende Auswahl:

3: Deg – Gradmaß für Winkelberechnungen im bekannten 0° - 360° Maß	**4: Rad – Bogenmaß** $360° = 2\pi, 180° = \pi,$ $90° = \frac{\pi}{2}$ usw.
5: Gra – Geodätisches Winkelmaß Benötigen wir nicht!	

1.5 Die Bruchdarstellung

Rechnen wir Aufgaben in der Bruchrechnung erhalten wir automatisch die Ergebnisse in Bruchdarstellung.

Über das **SETUP** kann für die Bruchdarstellung zwischen reiner Bruchdarstellung und gemischter Bruchdarstellung (d. h. der ganzzahlige Anteil steht vor dem Bruch) gewählt werden. Um diese Einstellung vorzunehmen, wählen wir im **SETUP** das zweite Fenster und jetzt **1: ab/c oder 2 : d/c.**

1: ab/c
Gemischte Bruchdarstellung

$$15:4 = 3\frac{3}{4}$$

2: d/c
reine Bruchdarstellung

$$15:4 = \frac{15}{4}$$

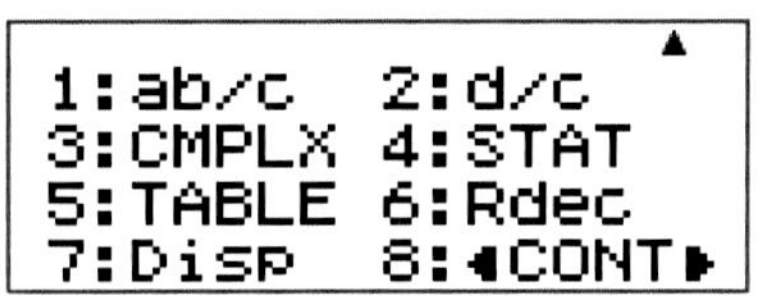

Eingabe von Brüchen mit der Taste **a/b**:

1.6 Grundlegende Eingaben / Rechnungen

Allgemeine Berechnungen werden im **Berechnungsfenster** durchgeführt. Dieses erscheint standardmäßig beim Einschalten des Rechners. Falls man sich in einem anderen Fenster befindet, gelangt man über die Taste **MODE 1: COMP** wieder an diese Stelle.

Eingaben und Berechnungen werden mit der Taste = abgeschlossen.

Mit den **Pfeiltasten links** und **rechts** kann man in einem Rechenausdruck mit dem Cursor wandern und an der entsprechenden Stelle Änderungen vornehmen

Mit der Taste **DEL löscht man das Zeichen links** von der aktuellen Position.

Mit der Taste **AC** löscht man die komplette Eingabe.

Mit den **Pfeiltasten oben** und **unten** kann man die zuvor ausgeführten Berechnungen wieder im Display anzeigen.

1.7 Der Antwortspeicher

Wir rechnen:

$$100:50 = 2$$

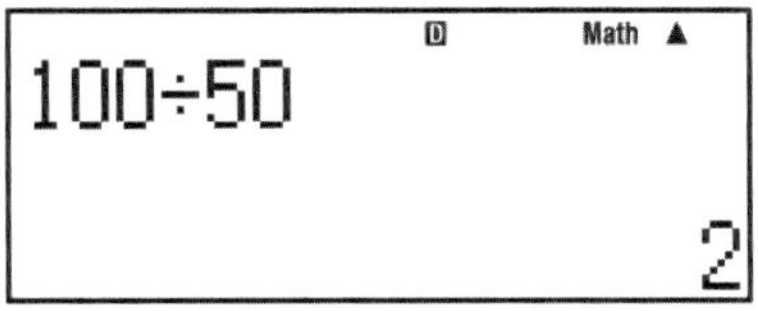

Jetzt drücken wir einfach +10, es erscheint: **Ans+10**. Aus dem Antwortspeicher wird das Ergebnis der vorherigen Rechnung (2) genommen und 10 wird addiert:

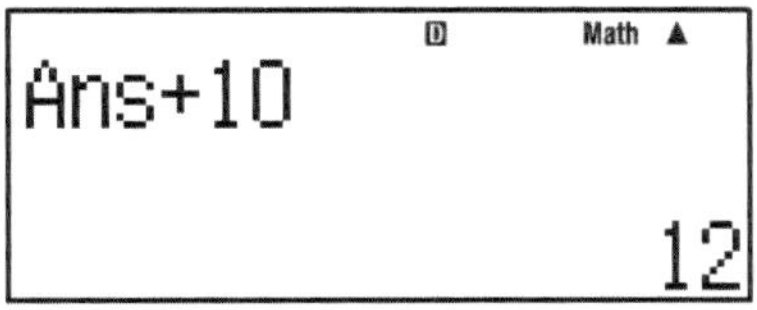

$$2 + 10 = 12$$

1.8 Übungen zur grundlegenden Bedienung

1. Berechne die folgenden Aufgaben und wähle ggf. im SETUP die richtigen Einstellungen, damit genau das hier angegebene Ergebnis angezeigt wird.

   a) $30:4 = \frac{15}{2}$ b) $30 : 4 = 7\frac{1}{2}$

2. Gib die folgenden Zahlen ein und korrigiere die angegebenen Stellen! (**Schließe die erste Eingabe NICHT mit „=“ ab!**)

	Eingabe	korrigierter Wert
a)	$667789:9$	$66789:9$
b)	$sin(39)$	$sin(30)$
c)	$\sqrt{125}$	$\sqrt{121}$

3. Führe die folgenden Rechnungen genau in den angegebenen Schritten durch!

   a) Berechne das Produkt aus 7 und 5.
   Subtrahiere 5 vom vorherigen Ergebnis.
   Teile das neue Ergebnis durch 10.
   Bilde das Quadrat vom letzten Ergebnis.

   Wie lautet die erhaltene Zahl?

   b) Berechne 3 hoch 7.
   Teile das Ergebnis durch 9.
   Subtrahiere 3 vom neuen Ergebnis.
   Addiere 16 zur neuen Zahl.
   Bilde die 4. Wurzel vom Ergebnis.

   Wie lautet die erhaltene Zahl?

Lösungen zu diesen Aufgaben auf Seite 74

2 Allgemeine Berechnungen

Wir bewegen uns in diesem Kapitel immer im **Berechnungsfenster** mit **MODE** über **1: COMP** erreichbar!

2.1 Zahlendarstellung

2.1.1 Zehnerpotenzschreibweise

Große Zahlen werden oder müssen sogar in der Zehnerpotenzschreibweise dargestellt werden.

Interpretation der Anzeige:

$$1\,000\,000\,000 : 0.001 =$$
$$1\,000\,000\,000\,000 = 1 \cdot 10^{12}$$

1000000000÷0.001
1×10^12

In Worten: 1 Milliarde geteilt durch 1 Tausendstel ist 1 Billion, das sind als Zehnerpotenz 10^{12} geschrieben.

$$5.402 \cdot 10^{3} = 5402$$

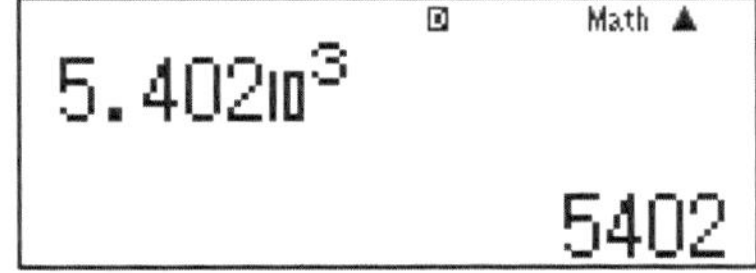

Eingabe als Zehnerpotenz: Über der LOG Taste befindet sich die 2. Belegung (**2nd**) für die 10er Potenz!

2.1.2 Bruchdarstellung - Dezimalschreibweise

Mit der **Taste F<>D** kann man das Ergebnis einer Berechnung zwischen Bruchdarstellung und Dezimaldarstellung wechseln.

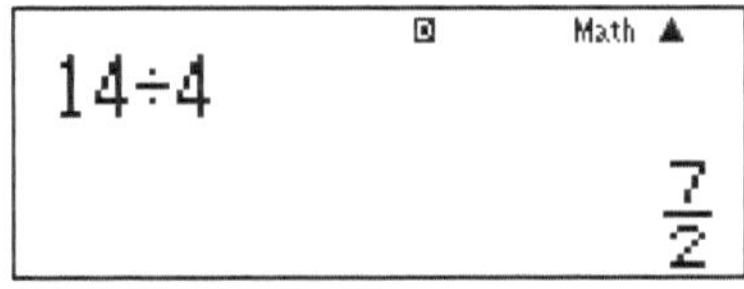

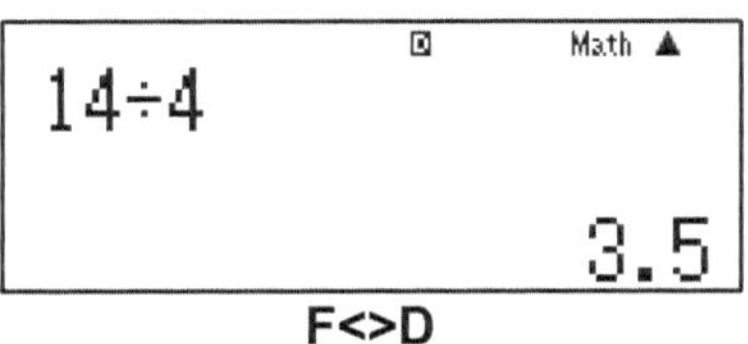

F<>D

2.1.3 Übungen – Zahlendarstellung

1. Berechne als Dezimalzahl.

a) $\frac{3}{20}$ b) $\frac{3}{8}$ c) $\frac{5}{125}$ d) $\frac{7}{4}$

2. Wandle in einen Bruch um!

a) 0,375 b) 0,4 c) 0,16 d) 0,28

3. Schreibe in Zehnerpotenzschreibweise.

a) 3 Tausendstel b) 5 Millionstel

c) 10 Milliarden d) 150 Millionen

4. Berechne das Ergebnis.

a) $5{,}784 \cdot 10000 \cdot 2000 \cdot 50000$

b) $2{,}76 \cdot 10^{23} \cdot 1{,}5 \cdot 10^{-9} \cdot 2700$

c) $(2{,}5 \cdot 10^{12}) : (50 \cdot 10^{-8})$

Lösungen zu diesen Aufgaben auf Seite 76

2.2 Runden

2.2.1 Runden auf feste Anzahl von Stellen

Über das Setup - Menü kann man unter **6: FIX** die Anzahl der Stellen angeben, auf die im Berechnungsmodus **nun IMMER** gerundet werden soll.

1:MthIO 2:LineIO
3:Deg 4:Rad
5:Gra 6:Fix
7:Sci 8:Norm

Wir geben 2 ein für 2 Stellen.

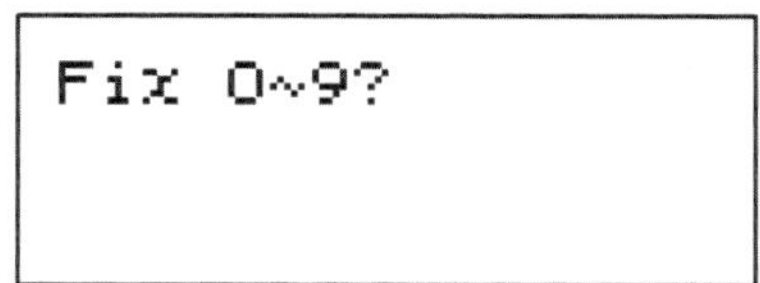

Im Berechnungsfenster erscheint nun in der oberen Zeile **FIX**, was darauf hindeutet, dass ein Runden auf eine bestimmte Anzahl festgelegt wurde.

Wir geben 3.14159 ein .

FIX Math
3.14159
3.14

Durch das Runden auf 2 Stellen erhalten wir das Ergebnis 3.14.

2.2.2 Ein Ergebnis auf festgelegte Anzahl Stellen runden

Möchte man einen Rechenausdruck auf die festgelegte Anzahl von Stellen runden, ruft man die Funktion **Round** auf, diese befindet sich über der Taste **0**.

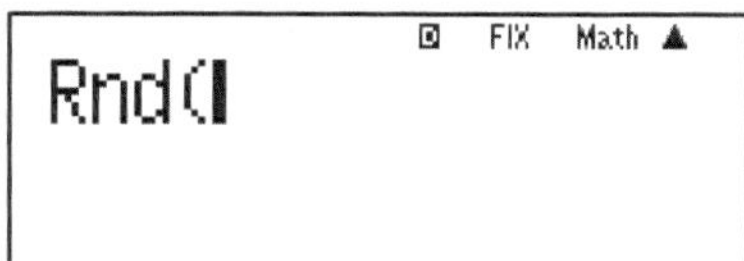

In die Klammern gibt man den zu berechnenden Ausdruck ein. Wir berechnen **15 : 7** gerundet auf 2 Stellen.

FIX Math
Rnd(15÷7)
$\frac{107}{50}$

Das zunächst angezeigte Bruchergebnis ist bereits gerundet, wir wandeln es mit **F<>D** um.

FIX Math
Rnd(15÷7)
2.14

15 : 7 = 2.14

2.3 Bruchrechnung

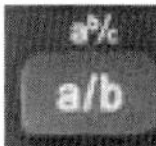

Brüche werden generell über die Bruch-Taste **a/b** eingegeben. Verschiedene Aufgabentypen wollen wir hier betrachten.
Wir berechnen:

$$\frac{4+5\cdot 10}{3\cdot 27}=\frac{2}{3}$$

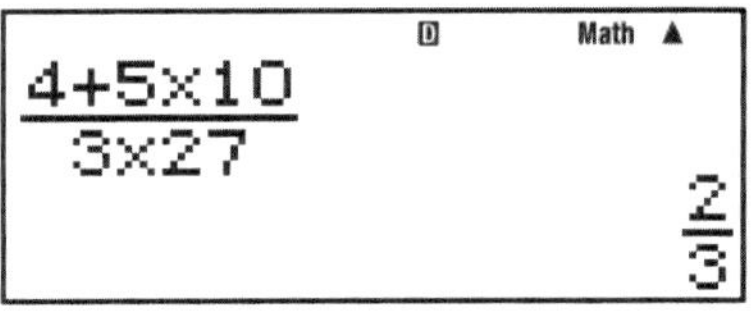

Alternativ können wir einen Bruch auch als Division eingeben. Wir erhalten das Ergebnis als Bruch:

$$(4+5\cdot 10):(3\cdot 27)=\frac{2}{3}$$

(4+5×10)÷(3×27)

Ein Bruchergebnis in einen **gemischten Bruch** umwandeln:

$$\frac{27}{5}=5\frac{2}{5}$$

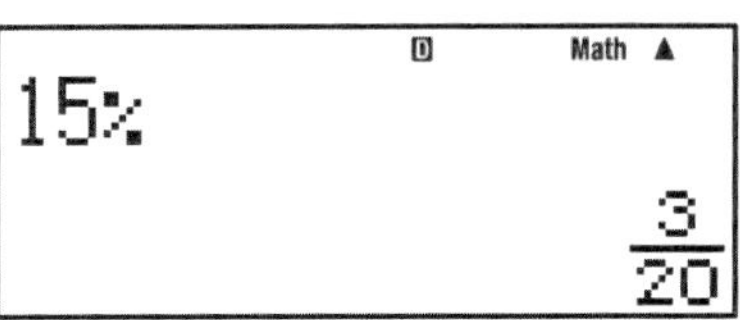

Prozentsatz in Bruchteil umwandeln:

$$15\ \%=\frac{15}{100}=\frac{3}{20}$$

15%

Das **%** Zeichen verbirgt sich über der **(** -Taste (mit **2nd** aufrufen!).

Doppelbrüche berechnen

$$\frac{\frac{3}{7}+\frac{7}{8}}{5-\frac{7}{2}}=\frac{73}{84}$$

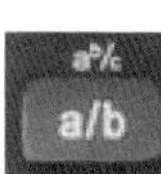

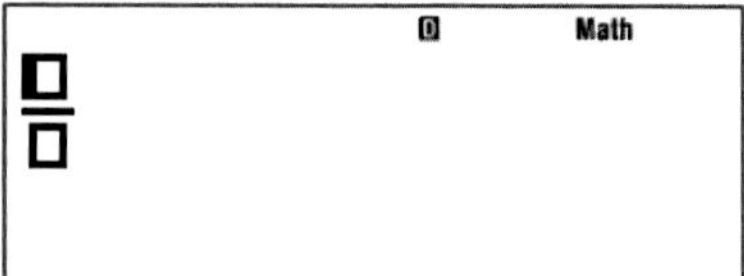

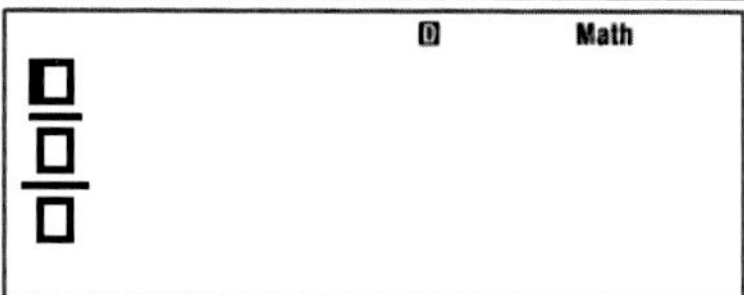

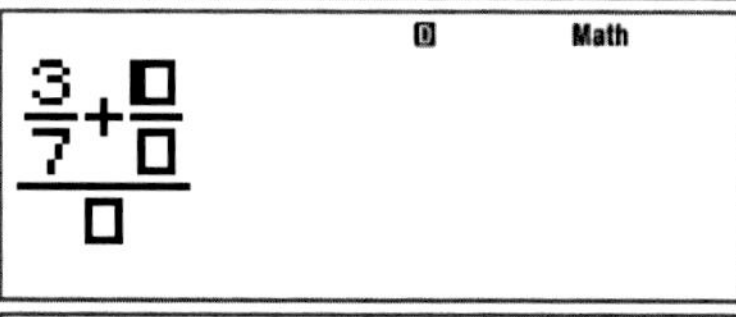

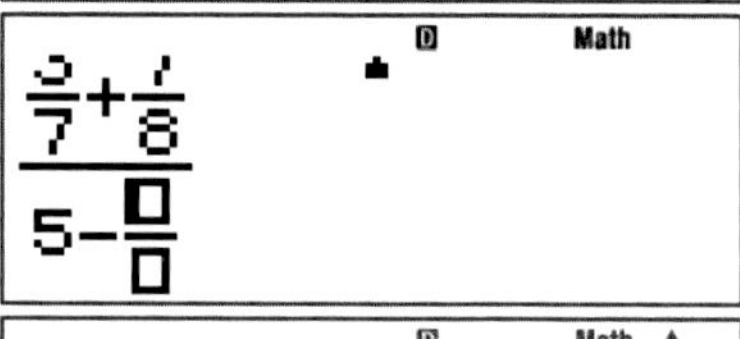

Bei der Eingabe müssen wir beachten, die Bruch-Taste an der richtigen Stelle einzusetzen!

Wir starten zunächst mit dem Hauptbruch. Im Zähler geben wir anschließend wieder Brüche ein, bevor wir die Werte in den Nenner eintragen. Auch im Nenner können wir einzelne Brüche eingeben.

Bei Doppelbrüchen wird oft die Größe des Displays nicht ausreichen, siehe Abbildungen rechts.

2.3.1 Übungen - Bruchrechnung

1. Berechne

a) $\frac{1}{2}+\frac{3}{5}+\frac{5}{6}$ b) $\frac{3}{8}-\frac{3}{4}+\frac{5}{2}$ c) $\frac{1}{3}-\frac{2}{9}+\frac{1}{6}$

2. Berechne

a) $\frac{15}{4}:\frac{5}{2}$ b) $-\frac{18}{10}:0{,}6$ c) $-\frac{28}{10}:(-\frac{14}{25})$

3. Berechne

a) $\dfrac{\frac{3}{8}\cdot\left(\frac{1}{2}-\frac{3}{8}\right)^2}{\frac{1}{24}}$ b) $2-\dfrac{\frac{7}{6}-\frac{2}{3}}{\frac{1}{4}}$

Lösungen zu diesen Aufgaben auf Seite 77

2.4 Die Grundgrößen der Prozentrechnung

In der Prozentrechnung berechnen wir die Größen

Grundwert G_w : Unsere Basisgröße.

Prozentwert P_w : Der prozentuale Anteil des Grundwerts.

Prozentsatz $p\%$: Die %-Zahl mit der wir rechnen.

Es gelten die bekannten Gesetzmäßigkeiten:

$$P_w = G_w \cdot p\% \qquad G_w = \frac{P_w}{p\%} \qquad p\% = \frac{P_w}{G_w}$$

Wir berechnen beispielhaft Prozentwert und Prozentsatz:

Berechne den Prozentwert:

$G_w = 375, \qquad p\% = 8$

$P_w = 375 \cdot 8\,\% = 30$

```
375×8%
                30
```

Berechne den Prozentsatz:

$G_w = 120, \qquad P_w = 15$

$p\% = \frac{P_w}{G_w} = 0{,}125 = 12{,}5\,\%$

```
15÷120
             0.125
```

Beachte! Die Ausgabe musst du selbst als Prozentwert umrechnen!

2.4.1 Übungen – Prozentrechnung

1. Berechne die Anteile!

a) 7 % von 150 b) 19 % von 299 c) 85 % von 350

2. Berechne den Prozentsatz!

a) 30 von 200 b) 60 von 3000 c) 299 von 5000

3. Auf die Artikel gibt es 30 % Rabatt. Berechne den neuen Preis!

a) Shirt 24,95 € b) Hose 89,90 € c) Hemd 129 €

Lösungen zu diesen Aufgaben auf Seite 77

2.5 Wurzeln und Potenzen

2.5.1 Wurzeln

Die Quadratwurzel - diese Funktion ist auf einer eigenen Taste hinterlegt.

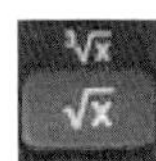

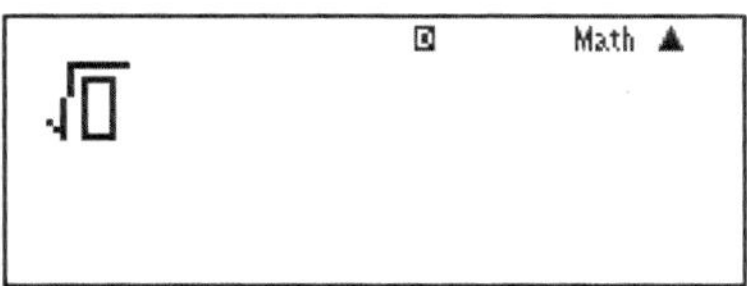

Wir berechnen $\sqrt{18} = 3\sqrt{2}$.

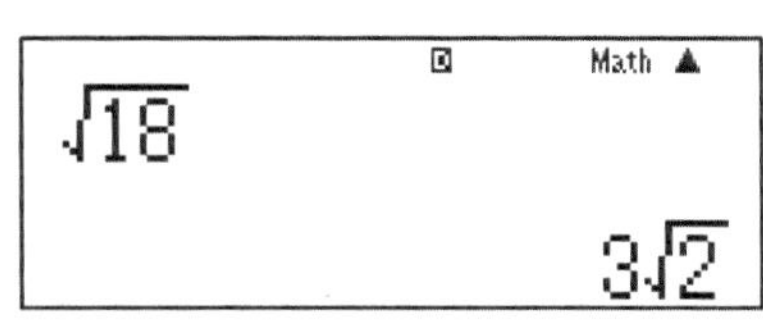

Beachte! Zuerst die Wurzel-Taste und erst dann den Wert eingeben! Der Rechner versucht das Ergebnis als Wurzelterm darzustellen. Für die Dezimaldarstellung drücken wir noch die **F<>D** Taste.

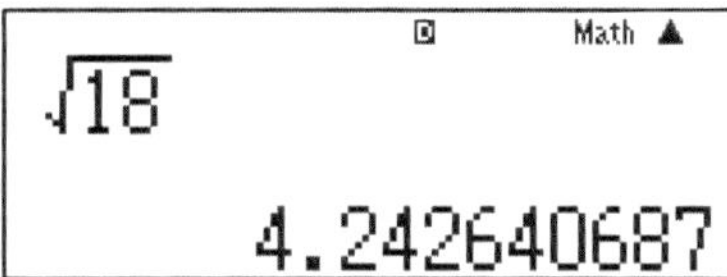

Die dritte Wurzel – 2nd + Wurzel

Wir berechnen: $\sqrt[3]{27} = 3.$

Allgemein die n-te Wurzel

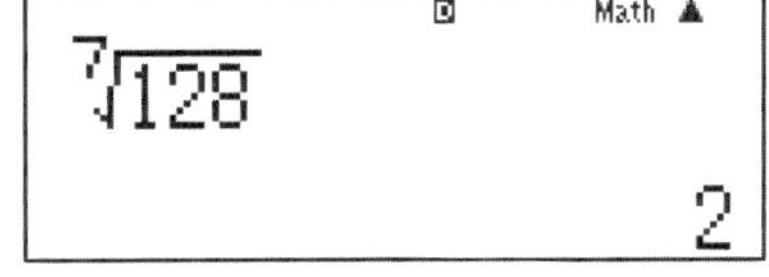

Die Taste für die n-te Wurzel verbirgt

sich hinter der **2nd + y^{x}** Taste.

Wir berechnen: $\sqrt[7]{128} = 2.$

2.5.2 Übungen – Wurzeln

Berechne!

1. a) $\sqrt{243} \cdot \sqrt{27}$ b) $2 \cdot \sqrt{12} \cdot \sqrt{75}$ c) $\sqrt{120} \cdot \sqrt{3}$

2. a) $\sqrt[3]{27} \cdot \sqrt[5]{32}$ b) $\frac{\sqrt{256}}{\sqrt{32}}$ c) $\sqrt[3]{3^9}$

Lösungen zu diesen Aufgaben auf Seite 78

2.5.3 Potenzen

Quadratzahlen

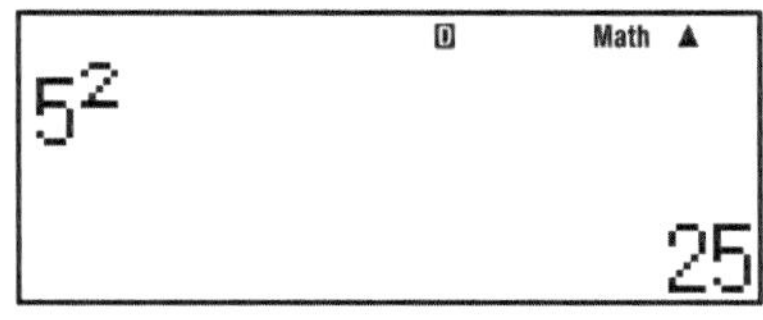

Für $\mathbf{x^2}$ steht eine eigene Taste zur Verfügung. Jeder Aufruf muss immer mit der Taste = abgeschlossen werden.

Wir berechnen: $5^2 = 25$.

Potenzen mit beliebigen Exponenten

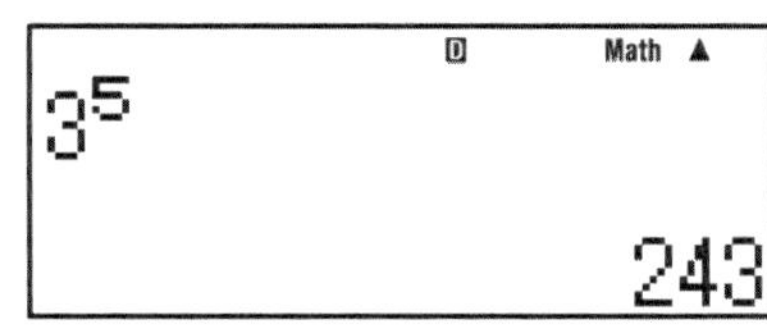

Die Taste für $\mathbf{y^x}$ befindet sich direkt rechts neben der $\mathbf{x^2}$ Taste.

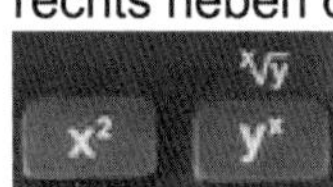

Wir berechnen: $3^5 = 243$.

2.5.4 Übungen – Potenzen

Berechne!

1. a) 3^4 b) 320^3 c) 2^{10} d) 2^{24}

2. a) $3^2 \cdot 4^3 \cdot 5^4 \cdot 6^5$ b) $3^7 : 10^4$ c) $10^6 : 10^{-4}$

Lösung zu diesen Aufgaben auf Seite 79

2.6 Zufallszahlen

Der Rechner kann Zufallszahlen erzeugen.

Die Funktion für Zufallszahlen befindet sich in der **2nd**-Belegung über der Punkt-Taste.

Ran#

$\frac{1}{125}$

Es wird immer eine Zahl zwischen 0 und 1 angezeigt. Mit der Taste **F<>D** kann zwischen Bruch- und Dezimaldarstellung gewechselt werden.
Der Aufruf muss immer mit der Taste = abgeschlossen werden.

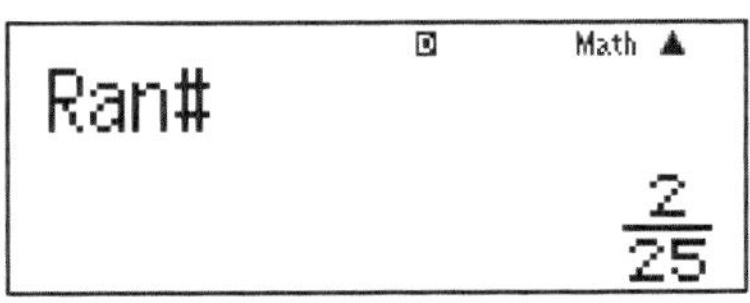

Durch weiteres Drücken der Taste = werden weitere Zufallszahlen erzeugt.

2.7 Ganzzahlige Zufallszahlen in einem Bereich

Die Funktion für ganzzahlige Zufallszahlen befindet sich in der roten **ALPHA**-Belegung über der Punkt-Taste.

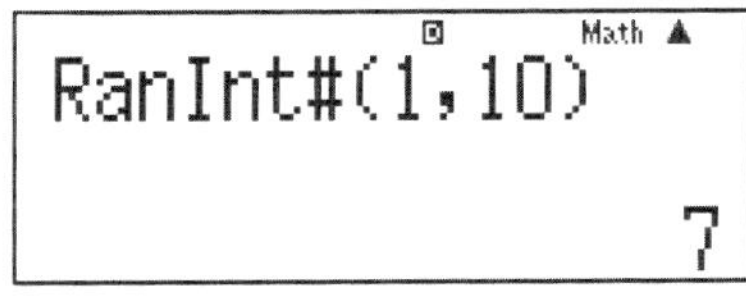

Beachte die Eingabe des Komma mit **2nd +)** .

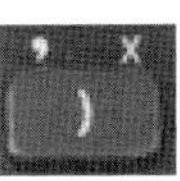

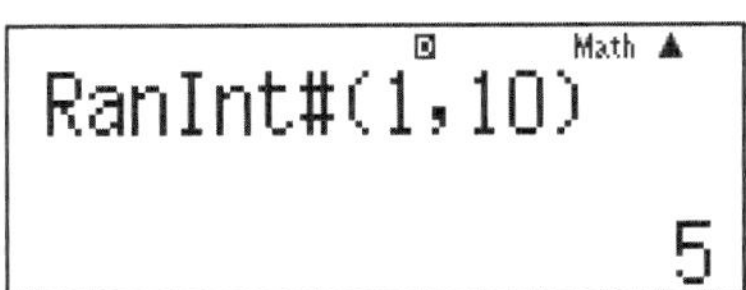

Im Beispiel wird als Zufallszahl zwischen 1 und 10 einmal 7 und einmal 5 angezeigt.

2.7.1 Übungen – Zufallszahlen

1. Bestimme 5 Zufallszahlen zwischen 0 und 1.
2. Bestimme 5 Zufallszahlen eines 6-seitigen Würfels (1 - 6).
3. Fülle eine Tabelle mit 10 Zufallszahlen zwischen 0 und 1.

Lösungen zu diesen Aufgaben auf Seite 79

2.8 Trigonometrie - Sinus, Cosinus, etc.

Wir rechnen im Unterricht mit zwei Winkelmaßen: dem Gradmaß und dem Bogenmaß. Die ersten Berechnungen in der Trigonometrie erfolgen in der Regel im Gradmaß.

2.8.1 Berechnungen im Gradmaß

Im **SETUP** stellen wir das Gradmaß mit **3: Deg** ein.

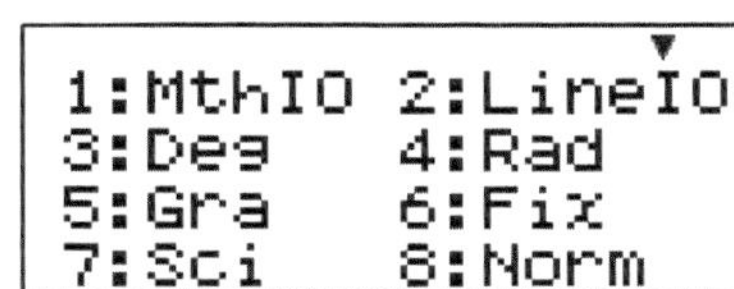

Wenn das Gradmaß richtig eingestellt ist, erscheint im Berechnungsfenster ein kleines **D** am oberen Bildschirmrand!

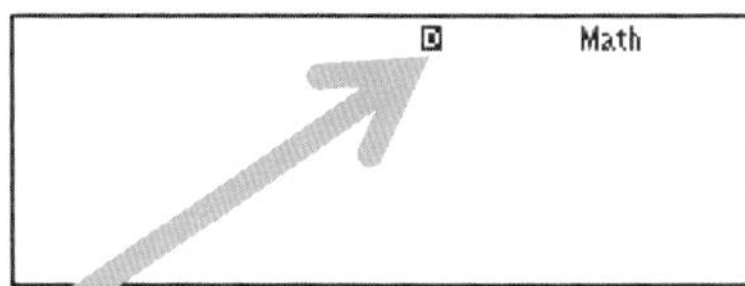

Wir berechnen Sinus-, Kosinus- und Tangenswerte mit den Tasten:

$$\sin(60°) = \frac{\sqrt{3}}{2} \approx 0.866$$

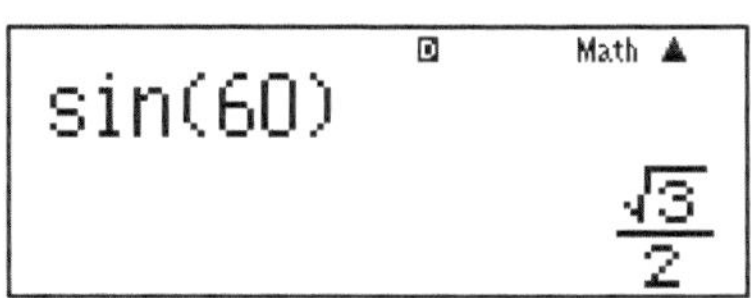

Der Wechsel von mathematischer Schreibweise (mit Brüchen und Wurzeln) in die Dezimaldarstellung erfolgt mit der Taste **F<>D**.

Wollen wir zu einem Sinuswert den dazugehörigen Winkel berechnen, wählen wir **sin⁻¹** mit der Tastenkombination **2nd + sin.**

Bei welchem Winkel hat der Sinus den Wert 0.5?

2.8.2 Berechnungen im Bogenmaß

Das Bogenmaß gibt einen Winkel als Bogenlänge im Einheitskreis an. Das kann man sich gut merken, da ein Kreis mit dem Radius 1 genau den Umfang $2 \cdot \pi$ hat. D. h. im Bogenmaß gilt: $2 \cdot \pi = 360°$.

Im **SETUP** stellen wir das Bogenmaß mit **4: Rad** ein.

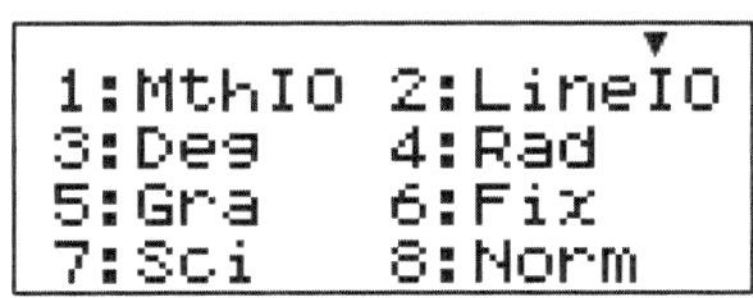

Wenn das Bogenmaß richtig eingestellt ist, erscheint im Berechnungsfenster ein kleines R am oberen Bildschirmrand!

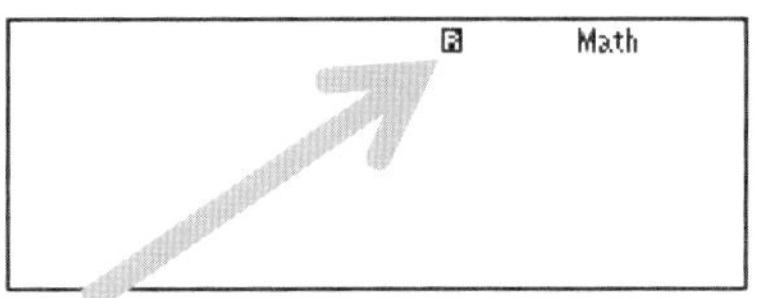

Wir berechnen Sinus-, Kosinus- und Tangenswerte mit den Tasten:

$$60° = \frac{\pi}{3}$$

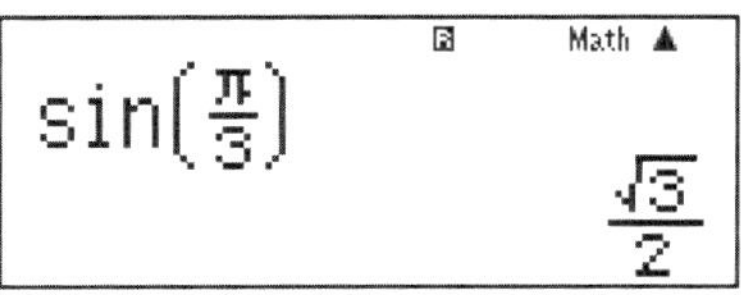

$$sin\left(\frac{\pi}{3}\right) = \frac{\sqrt{3}}{2} \approx 0.866$$

sin(π/3)
0.8660254038

Der Wechsel von mathematischer Schreibweise (mit Brüchen und Wurzeln) in die Dezimaldarstellung erfolgt mit der Taste **F<>D**.

Wollen wir zu einem Sinuswert den dazugehörigen Winkel berechnen, wählen wir **sin^{-1}** mit der Tastenkombination **2nd + sin.**

sin⁻¹(0.5)
$\frac{1}{6}\pi$

Bei welchem Winkel hat der Sinus den Wert 0.5?

2.8.3 Übungen – Trigonometrie

1. Berechne die folgenden Werte im richtigen Winkelmaß!

a) $sin(30°)$ b) $sin(90°)$

c) $cos(\frac{\pi}{4})$ d) $sin(\frac{2\pi}{3})$

Lösungen zu diesen Aufgaben auf Seite 80

3 Einheiten umrechnen

Im Alltag oder in der Physik müssen wir häufig Größeneinheiten umrechnen. Hierzu bietet der Rechner viele Möglichkeiten.

3.1 Allgemeiner Aufruf

Mit der Tastenkombination **2nd + 8** gelangen wir zu den Umrechnungsoptionen. (**CONV** = convert)

```
CONVERSION
Number 01~40?
            [__]
```

Es stehen 40 verschiedene Umrechnungsoptionen zur Verfügung. Man muss jedoch die Liste mit 40 verschiedenen Umrechnungsparametern kennen, um diese auszuwählen. In der folgenden Liste haben wir die Optionen zusammengestellt.

Beachte! Zur Umrechnung müssen wir **IMMER** zuerst den Wert eingeben, bevor wir die Umrechnung aufrufen!

01: in → cm	**02: cm → in**	**03: ft → cm**	**04: m → ft**
05: yd → m	**06: m → yd**	**07: mile → km**	**08: km → mile**
09: n mile → m	**10: m → n mile**	**11: acre → m²**	**12: m² → acre**
13: gal(US) → l	**14: l → gal(US)**	**15: gal (UK) → l**	**16: l → gal (UK)**
17: pc → km	**18: km → pc**	**19: km/h → m/s**	**20: m/s → km/h**
21: oz → g	**22: g → oz**	**23: lb → kg**	**24: kg → lb**
25: atm → Pa	**26: Pa → atm**	**27: mmHg → Pa**	**28: Pa → mmHg**
29: hp → kW	**30: kW → hp**	**31: kgf/cm² → Pa**	**32: Pa → kgf/cm²**
33: kgf *m → J	**34: J → kgf *m**	**35: lbf/in² → kPa**	**36: kPa → lbf/in²**
37: °F → °C	**38: °C → °F**	**39: J → cal**	**40: cal → J**

Tipp:
Kopiere diese Tabelle auf ein Blatt Papier und lege das Blatt dem Rechner bei.

3.1.1 Längen von Inch in cm umrechnen

Rechne 13 Inch in cm um!

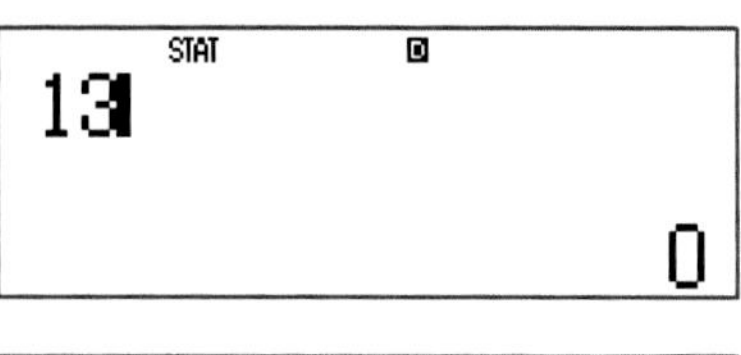

Wir geben 13 ein und rufen anschließend die **Umrechnung 01** auf.

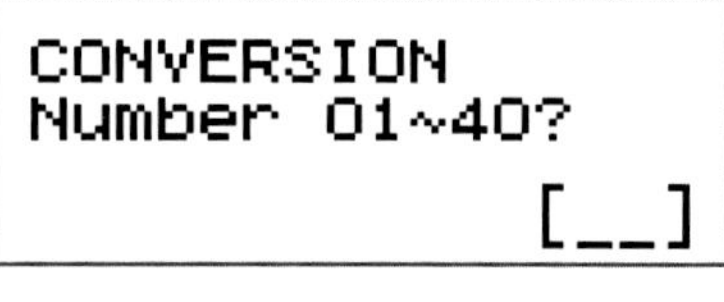

13 Inch sind 33.02 cm!

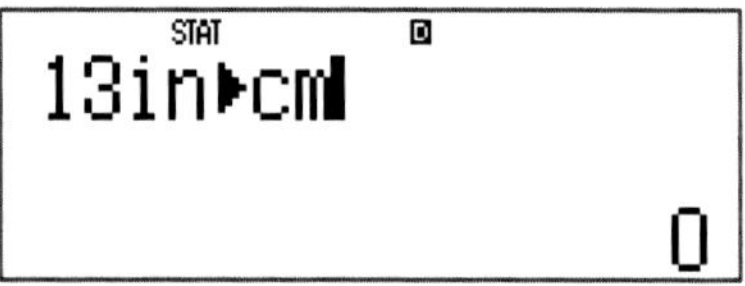

STAT
13in▸cm
33.02

3.1.2 Geschwindigkeit von km/h in m/s umrechnen

Rechne 120 km/h in m/s um!

Wir geben 120 ein und rufen die **Umrechnung 19** auf.

$120\ km/h$ sind $33.3\ m/s$!

3.1.3 Übungen – Einheiten umrechnen

1. Bei einer Geschwindigkeitskontrolle werden folgende Geschwindigkeiten in m/s gemessen. Für die Strafzettel muss die Geschwindigkeit in km/h umgerechnet werden.

   a) 20 m/s b) 35 m/s c) 17 m/s

2. Rechne um!

a)	2 Inch	in	cm
b)	100 Yard	in	m
c)	25 Seemeilen	in	m
d)	20 Knoten	in	km/h
e)	25000000 m^2	in	ha
f)	15000 Liter	in	m^3
g)	300 m^3	in	Liter

Lösungen zu diesen Aufgaben auf Seite 80

4 Rechnen mit wissenschaftlichen Konstanten

Der Rechner enthält 40 wissenschaftliche Konstanten, die in Berechnungen eingefügt werden können. Die folgende Tabelle enthält die zweistelligen Zahlen für die jeweiligen Konstanten. Diese werden mit **2nd + 7** aufgerufen.

01: (mp) Protonenmasse	02: (mn) Neutronenmasse
03: (me) Elektronenmasse	04: (mμ) Masse eine Myons
05: (a_0) Bohr-Radius	06: (h) Planck'sche Konstante
07: (μN) Kernmagneton	08: (μB) Bohr-Magneton
09: ($\hbar$) reduziertes Planck'sches Wirkungsquantum	10: (α) Feinstrukturkonstante
11: (re) klassischer Elektronenradius	12: (λc) Compton-Wellenlänge
13: (γp) gyromagnetisches Verhältnis des Protons	14: (λcp) Compton-Wellenlänge des Protons
15: (λcn) Compton-Wellenlänge des Neutrons	16: ($R\infty$) Rydberg-Konstante
17: (u) atomare Massenkonstante	18: (μp) magnetisches Moment des Protons
19: (μe) magnetisches Moment des Elektrons	20: (μn) magnetisches Moment des Neutrons
21: (μμ) magnetisches Moment des Myons	22: (F) Faraday-Konstante
23: (e) Elementarladung	24: (NA) Avogadro-Konstante
25: (k) Boltzmann-Konstante	26: (Vm) Molvolumen eines idealen Gases
27: (R) molare Gaskonstante	28: (C_0) Lichtgeschwindigkeit im Vakuum
29: (C_1) erste Strahlungskonstante	30: (C_2) zweite Strahlungskonstante
31: (σ) Stefan-Boltzmann-Konstante	32: (ϵ_0) elektrische Feldkonstante
33 (μ_0) magnetische Feldkonstante	34: (ϕ_0) magnetisches Flussquantum
35: (g) Erdbeschleunigung	36: (G_0) Leitfähigkeitsquantum
37: (Z_0) charakteristische Impedanz des Vakuums	38: (t) Temperatur in Grad Celsius (273,15)
39: (G) Gravitationskonstante	40: (atm) Standardatmosphäre (101325)

Tipp:

Kopiere diese Tabelle auf ein Blatt Papier und lege das Blatt dem Rechner bei.

5 Terme, Gleichungen und Gleichungssysteme

5.1 Terme

Der Rechner kann in vorgegebene Rechenausdrücke Werte für x einsetzen. Diese Funktion werden wir später nochmals bei Tabellen wiederfinden.

Wir berechnen den Rechenausdruck: $7x + 15$ für $x = 8$.

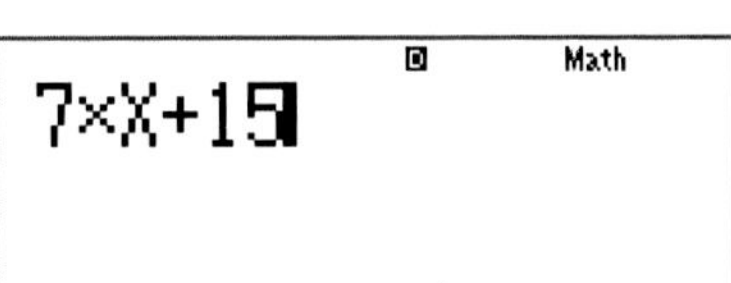

Hierzu geben wir den Rechenausdruck ein. Das benötigte Zeichen für x verbirgt sich hinter:

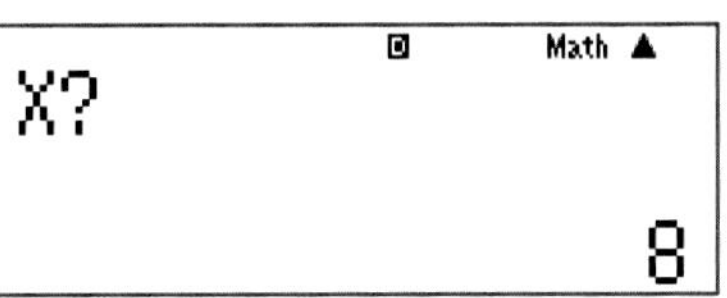

Anschließend drücken wir die **CALC** Taste

und geben die Zahl 8 ein. Mit der Taste = schließen wir ab.

Math ▲
7×X+15
71

Mit einem weiteren Abschluss durch die Taste = erhalten wir das Ergebnis.

Eingabe eines Terms mit mehreren Variablen

Math ▲
X²+4×A×X

Wir berechnen $x^2 + 4 \cdot A \cdot x$ für $x = 3$ und $A = -1$.

Math ▲
A?
0

Nach der Eingabe von $x = 3$ werden wir aufgefordert, den Wert für A einzugeben. Nachdem wir das abgeschlossen haben, erscheint das Ergebnis: $3^2 + 4 \cdot (-1) \cdot 3 = -3$.

Math ▲
X²+4×A×X
-3

5.1.1 Übung - Terme

1. Berechne die folgenden Terme für die angegebenen Variablen!

a) $x^2 + 2x - 12, x = 5$

b) $A \cdot e^{Bx}, A = 5, B = -0{,}5, x = 2$

Lösungen zu diesen Aufgaben auf Seite 81

5.2 Gleichungen und Gleichungssysteme

Gleichungen werden über das Hauptmenü **5: EQN** aufgerufen.

```
1:COMP    2:CMPLX
3:STAT    4:BASE-N
5:EQN     6:MATRIX
7:TABLE   8:VECTOR
```

Es stehen 4 verschiedene Typen von Gleichungen bzw. Gleichungssystemen zur Verfügung.

```
1:anX+bnY=cn
2:anX+bnY+cnZ=dn
3:aX²+bX+c=0
4:aX³+bX²+cX+d=0
```

1: Lineares Gleichungssystem mit 2 Variablen X und Y.
2: Lineares Gleichungssystem mit 3 Variablen X, Y und Z.
3: Quadratische Gleichung (x^2)
4: Kubische Gleichung (x^3)

5.2.1 Quadratische Gleichung lösen

Die quadratische Gleichung

$$4x^2 - 16x + 12 = -4$$

soll gelöst werden. Hierzu müssen wir – 4 von der linken Seite nach rechts bringen. Durch Umformung lautet die Gleichung dann:

$$4x^2 - 16x + 16 = 0$$

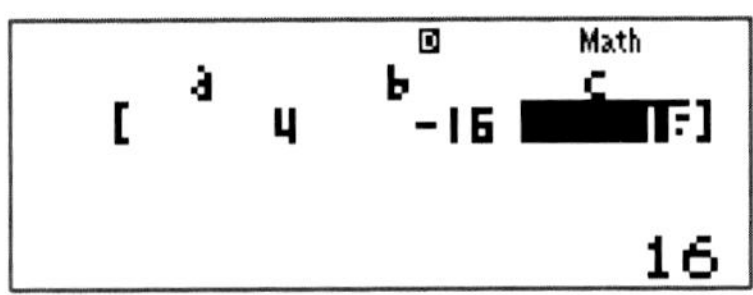

Jetzt können wir die Parameter

$a = 4, b = -16, c = 16$ eingeben.

Wir geben die Parameter ein und schließen immer mit der Taste = ab.

Es erscheint die Lösung $x = 2$.

In unserem Beispiel ist das die einzige Lösung, denn die linke Seite der Gleichung lässt sich umformen in $4 \cdot (x^2 - 4x + 4) = 4 \cdot (x - 2)^2$.

Quadratische Gleichung mit 2 Lösungen

Wir geben die Parameter für die folgende Gleichung ein:

$x^2 - 5x + 6 = 0,$
$a = 1, b = -5, c = 6$

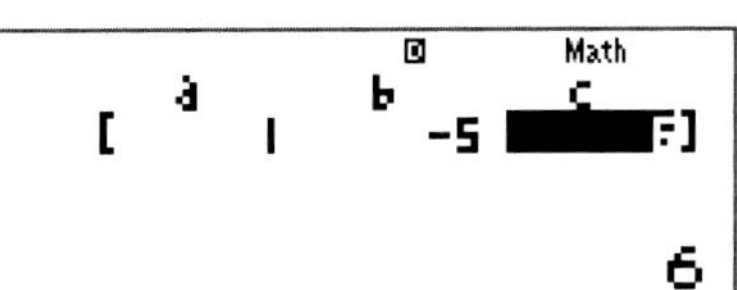

Es wird zunächst die 1. Lösung angezeigt, $x_1 = 3$. Wir drücken die Taste =, es erscheint die 2. Lösung $x_2 = 2$.

5.2.2 Gleichungssysteme

Eindeutige Lösung

1: anX+bnY=cn
2: anX+bnY+cnZ=dn
3: aX2+bX+c=0
4: aX3+bX2+cX+d=0

Wir wechseln ins Menü **5:EQN** und wählen
2: anX+bnY+cnZ=dn für ein Gleichungssystem mit 3 Unbekannten.
Wir lösen ein Gleichungssystem mit 3 Unbekannten.

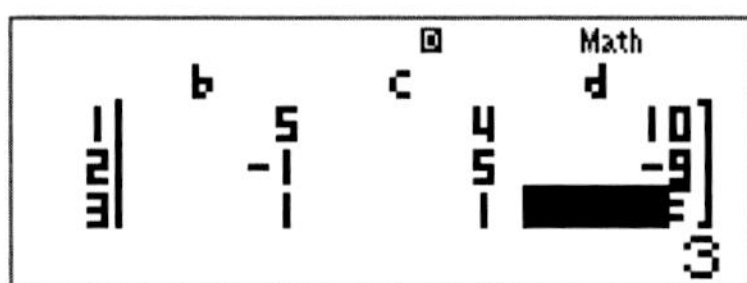

(1) $3 \cdot x + 5 \cdot y + 4 \cdot z = 10$
(2) $2 \cdot x - y + 5 \cdot z = -9$
(3) $x + y + z = 3$

Hierzu geben wir alle Parameter nacheinander ein und schließen jeweils mit der Taste = ab.

Achtung! Im Display erscheinen zunächst nur die Parameter für x, y, z. Erst anschließend nach Eingabe von z verschiebt sich der Bildschirm!

X= 4

Y= 2

Z= -3

Nach der letzten Eingabe erscheint die erste Lösung, durch eine weitere Eingabe die zweite und ebenso die dritte Lösung.

In unserem Beispiel:
$x = 4, y = 2, z = -3$.

Keine Lösung

Probiere es mit dem folgenden Gleichungssystem ebenso:

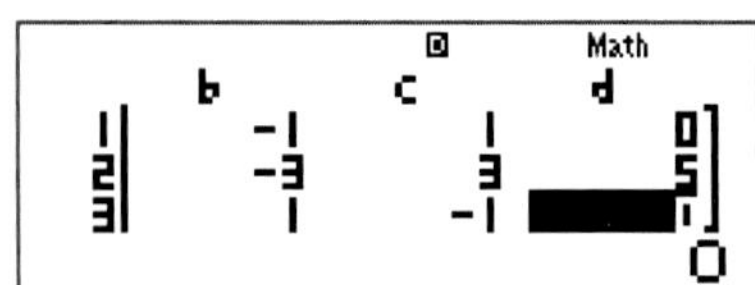

(1) $4 \cdot x - y + z = 0$
(2) $3 \cdot x - 3 \cdot y + 3 \cdot z = 5$
(3) $-x + y - z = 0$

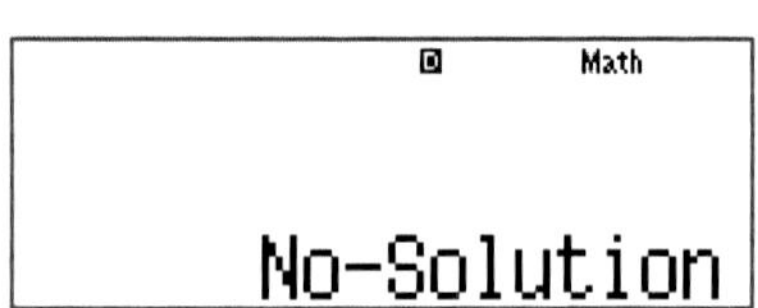

Wenn alle Parameter korrekt eingegeben wurden, sollte der Rechner anzeigen, dass es keine Lösung gibt.

Unendlich viele Lösungen

Manche Gleichungssysteme besitzen unendlich viele Lösungen. **(Infinite Sol)**
In diesem Falle wird auch das vom System angezeigt.

Math

Infinite Sol

5.2.3 Übungen – Gleichungen und Gleichungssysteme

1. Löse die folgenden quadratischen Gleichungen

a) $x^2 + 10x + 24 = 0$ b) $x^2 + 8x + 20 = 4$

2. Löse die folgenden Gleichungssysteme

a)

(I) $2x + 3y = 14$

(II) $x - 3y = 10$

b)

(I) $2x - 2y + 4z = 5$

(II) $6x - 4z = 20$

(III) $x - 2y = 39$

Lösungen zu diesen Aufgaben auf Seite 81

6 Funktionen

6.1 Funktionswerte an einer Stelle x bestimmen

In Abschnitt 5.1 haben wir bereits Terme für einen bestimmten Wert berechnet. Zur Berechnung eines einzelnen Funktionswerts gehen wir analog vor.

Wir berechnen den Funktionswert

der Funktion $f(x) = x^2 - 8x + 5$

an der Stelle $x = -2.5$.

Wir gehen ins Berechnungsfenster im **Menü 1:COMP**.
Hier geben wir den Term für die Funktion ein. Mit der Taste **CALC** geben wir den Wert – 2.5 ein und schließen mit der Taste = ab.
Häufig ist noch ein Wert aus einer vorherigen Eingabe vorhanden, wie hier im Bild der Wert 3!

Das Ergebnis lautet $f(-2.5) = 31.25$.

Drücken wir noch einmal **CALC**, können wir weitere Werte für x einsetzen. Z.B. $x = 2$.

Der Funktionswert lautet $f(2) = -7$.

X²-8X+5 (Math)

X? 3 (Math)

X²-8X+5 31.25 (Math)

X? 2 (Math)

X²-8X+5 -7 (Math)

6.2 Tabellen mit Funktionswerten füllen

Zur Darstellung von Funktionen ist es manchmal hilfreich, eine Wertetabelle mit x- und y-Werten zu erstellen. Hierzu dient die Funktion **TABLE** im **MODE-Menü**.

Wir wählen **7: TABLE** im Mode-Menü.

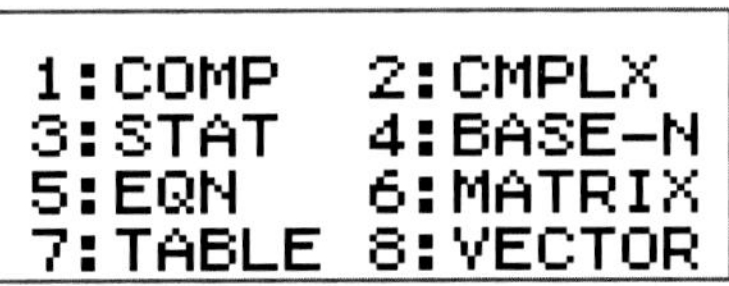

Es erscheint der Ausdruck **f(X)=** zur Eingabe eines Funktionsterms.

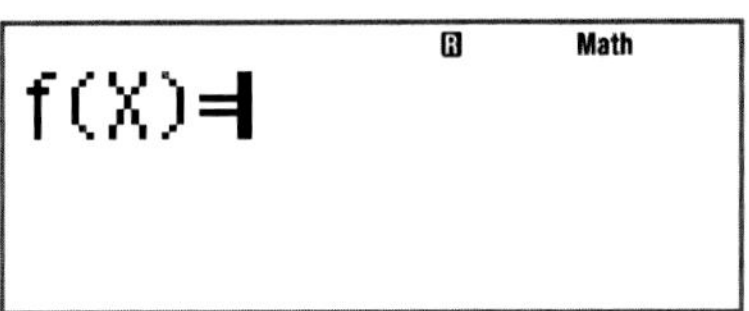

Wir wollen Funktionswerte für die Funktion

$$f(x) = x^2 - 4$$

im Definitionsbereich von -10 bis 10 in einer Schrittweite von 1 bestimmen. **X** wird mit der **ALPHA +)** Taste eingeben.

Math
f(X)=X²-4

Wir geben den Startwert -10, als Endwert 10 und als Schrittweite 1 ein.

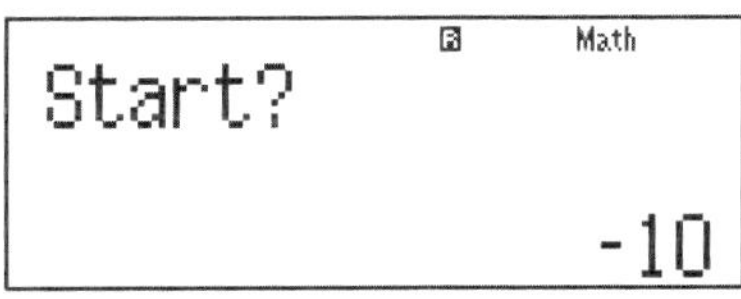

Die zunächst angezeigten Werte müssen überschrieben werden!

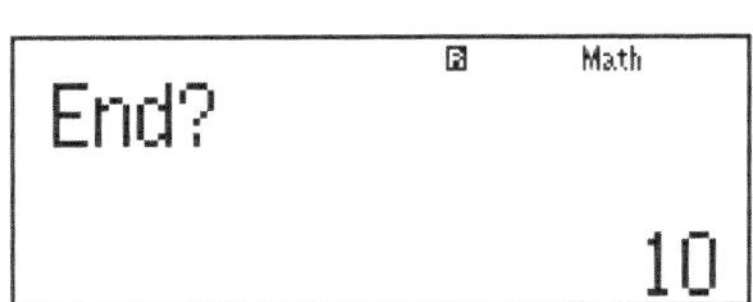

Math
Step?
1

Anschließend wird die Wertetabelle mit X und F(X)-Werten ausgegeben. Mit den Pfeilen des Navigationsrings kann man in der Tabelle wandern.

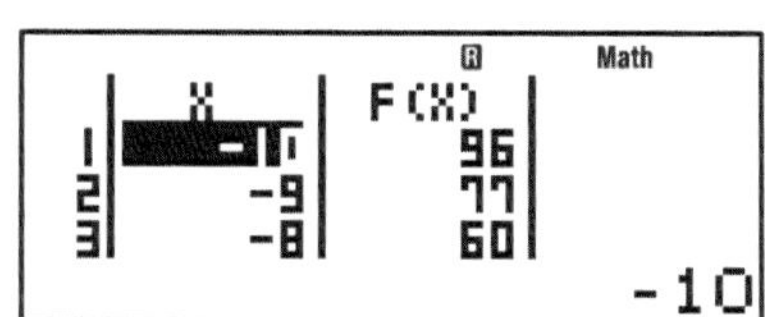

Springt man mit der Pfeiltaste auf den Funktionswert F(X), wird dieser auch rechts unten groß und deutlich dargestellt!

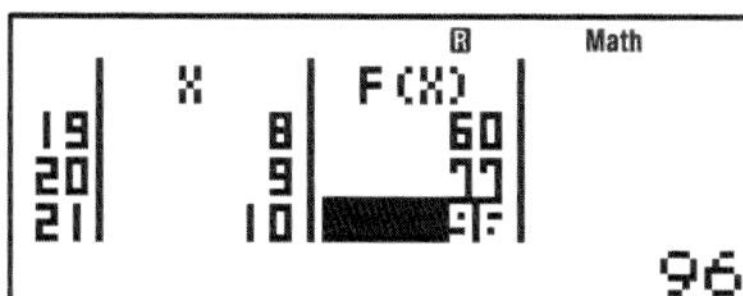

Als Funktion können auch komplexe Terme mit Wurzeln oder Potenzen eingeben werden. In diesem Fall kann es vorkommen, dass Definitionslücken bestehen, die nicht berechnet werden können. In diesem Fall wird als Funktionswert **ERROR** angezeigt.

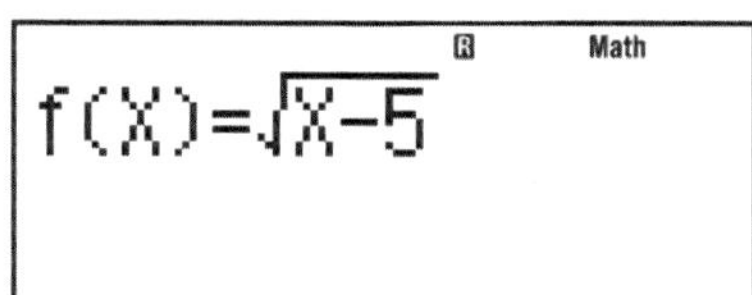

Wir probieren es aus mit dem Funktionsterm

$$f(x) = \sqrt{x-5}$$

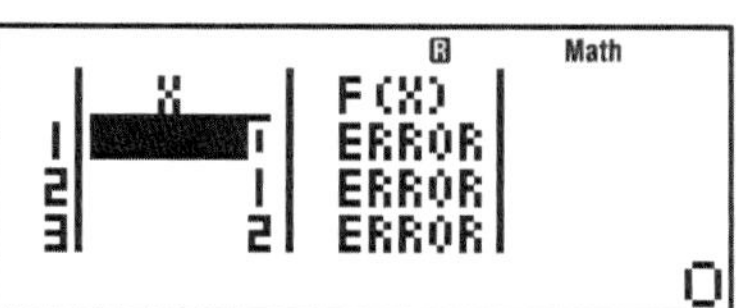

in den Grenzen von 0 bis 10, Schrittweite 1.

Ab **X = 5** existieren die Funktionswerte.

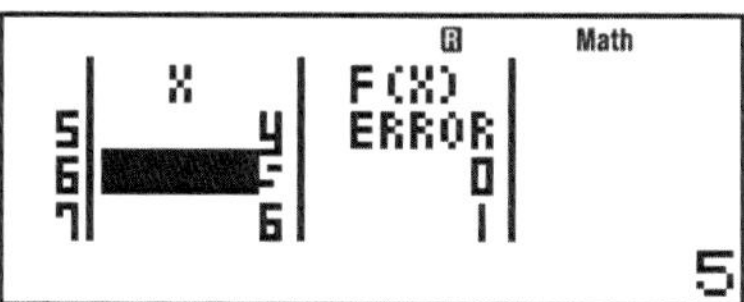

6.3 Übung – Funktionswerte in Wertetabelle darstellen

1. Stelle die folgenden Werte, die zu der Funktion $f(x) = 5 \cdot x^2$ gehören, in einer Tabelle dar.

x	0	1	2	3	4	5
$f(x)$	0	5	20	45	80	125

Lösung zu dieser Aufgabe auf Seite 82

7 Statistische Berechnungen

7.1 Stichproben / Mittelwert / Standardabweichung

Über **MODE 3: STAT** gelangen wir in den Modus, um statistische Berechnungen (Mittelwert, Standardabweichung, Varianz, …) oder Regressionsberechnungen durchzuführen. Insgesamt stehen uns 8 verschiedene Typen der Berechnung zur Verfügung.

```
1:COMP   2:CMPLX
3:STAT   4:BASE-N
5:EQN    6:MATRIX
7:TABLE  8:VECTOR
```

```
1:1-VAR  2:A+BX
3:_+CX²  4:ln X
5:e^X    6:A•B^X
7:A•X^B  8:1/X
```

Solange wir uns in diesem Modus befinden wird in der oberen Zeile des Anzeigefensters **STAT** angezeigt!

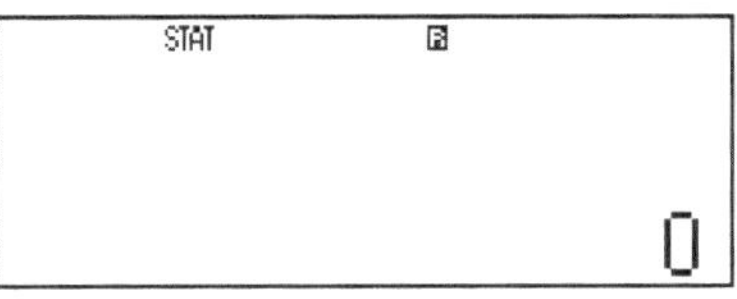

Mit der Tastenkombination **2nd + 1** erhalten wir weitere Funktionen, die wir mit vorher eingegebenen Werten ausführen können.

Die Auswahl hängt von dem zuvor ausgewählten Typ ab!

```
1:Type   2:Data
3:Sum    4:Var
5:Distr  6:MinMax
```

Haben wir über **1: 1-VAR** nur einzelne Variablen eingegeben, erhalten wir die folgenden Funktionen mit **2nd + 1**:

Wir können die Summe der Werte berechnen (3), verschiedene statistische Berechnungen (4) oder Min- und Max-Werte (6) erhalten.

Jetzt wollen wir einige dieser Möglichkeiten genauer betrachten!

7.2 Statistische Funktionen - Einzelne Werte

Wir messen eine bestimmte Größe mehrere Male und jedes Mal erhalten wir einen anderen Wert.

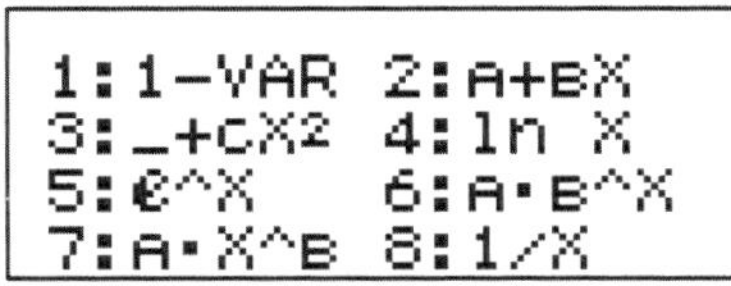

Beispiel: Wir nehmen 8 Messwerte zur gleichen Größe in einem Experiment auf:

2.0|1.8|1.9|2.1|2.0|1.9|2.1|2.0

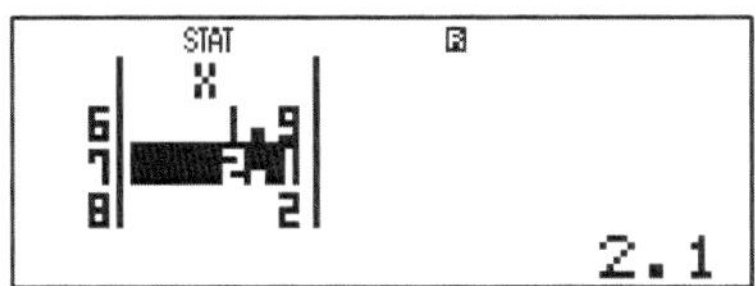

Wir möchten den Mittelwert und die Standardabweichung bestimmen.

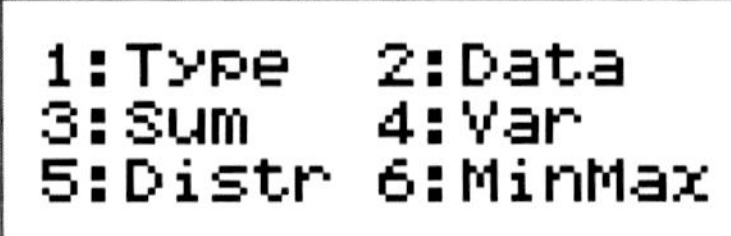

Im Statistik-Modus wählen wir **1: 1-VAR.** Es erscheint eine einspaltige Tabelle, in die wir die 8 Werte eintragen und jeweils mit = abschließen.

Nach der letzten Eingabe kehren wir mit der Taste **AC** in das Statistik-fenster zurück.

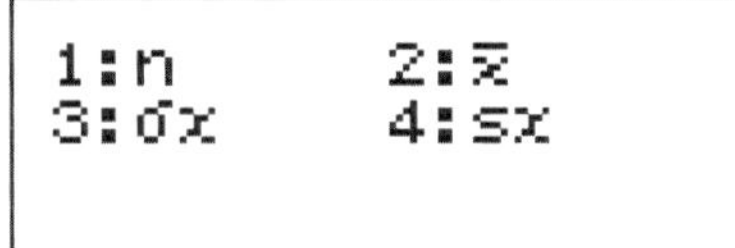

Im Statistikfenster sehen wir noch kein Ergebnis. Nun rufen wir mit **2nd + 1 (STAT)** unsere Funktionen auf und hier **4: VAR**

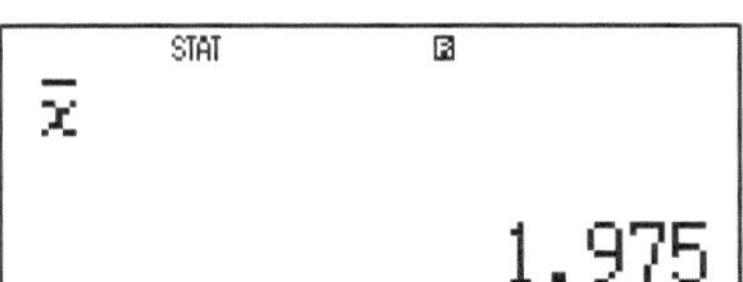

- 1 : n liefert die Anzahl der Werte.
- 2 : $\bar{x}$ berechnet den **Mittelwert**.
- 3 : σx berechnet die **Standard-abweichung**
- 4 : sx berechnet die Stichproben-Standardabweichung.

Wir wollen Mittelwert und Standardabweichung bestimmen.

$$\bar{x} = 1.975$$

$$\sigma \approx 0.0968$$

7.3 Relative Häufigkeiten/Wahrscheinlichkeitsverteilung

7.3.1 Einstellungen im Setup

Im zweiten Fenster des **SETUP** finden wir den Punkt **4: STAT**. Durch die Auswahl von **1: ON** schalten wir die Häufigkeit **(Frequency)** ein, d. h. bei der Eingabe der Werte erscheint jetzt eine zusätzliche Spalte zur Eingabe der Häufigkeit.

```
1:ab/c    2:d/c
3:CMPLX   4:STAT
5:TABLE   6:Rdec
7:Disp    8:◄CONT►
```

```
Frequency?
1:ON      2:OFF
```

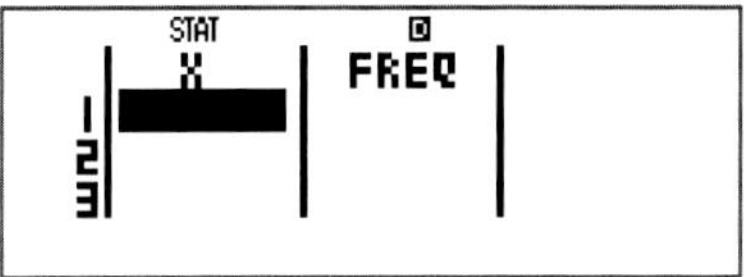

7.3.2 Beispielaufgabe

Die Zufallsgröße X gibt den Gewinn in Euro bei einem Glücksspiel mit einem Einsatz von 1,00 € an. In der Tabelle ist die Wahrscheinlichkeitsverteilung dargestellt.

Gewinn	-1	0	1	4
P(X)	0.6	0.2	0.15	0.05

Wir berechnen den Erwartungswert und die Standardabweichung:
Über **Hauptmenü: 3: STAT** rufen wir **1:1-VAR** auf.

```
1:COMP    2:CMPLX
3:STAT    4:BASE-N
5:EQN     6:MATRIX
7:TABLE   8:VECTOR
```

```
1:1-VAR   2:A+BX
3:_+CX²   4:ln X
5:e^X     6:A•B^X
7:A•X^B   8:1/X
```

Jetzt geben wir die Werte und Häufigkeiten ein.

Die Eingabe schließen wir ab, indem wir mit der Taste **AC** zurück gehen.

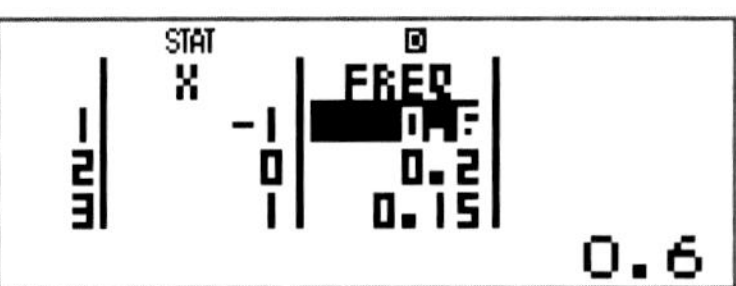

Zur Berechnung der Variablen wählen drücken wir **2nd + 1** (**STAT**). Mit **4: VAR** können wir eine der 4 Kenngrößen auswählen, wie z. B. 3:σx für die Standardabweichung oder 2:$\bar{x}$ für den gewichteten Mittelwert.

```
1:Type   2:Data
3:Sum    4:Var
5:Distr  6:MinMax
```

```
1:n      2:x̄
3:σx     4:sx
```

```
STAT  D
σX
        1.219631092
```

```
STAT  D
x̄
              -0.25
```

8 Wahrscheinlichkeitsrechnung

8.1 Kombinatorik

8.1.1 Fakultät

Anzahl möglicher Kombinationen

Bei einem Pferderennen mit 12 Pferden gibt es **12!** Möglichkeiten der Einlaufreihenfolge. Die Funktion Fakultät erhalten wir mit der Tastenkombination **2nd + 1/x**.

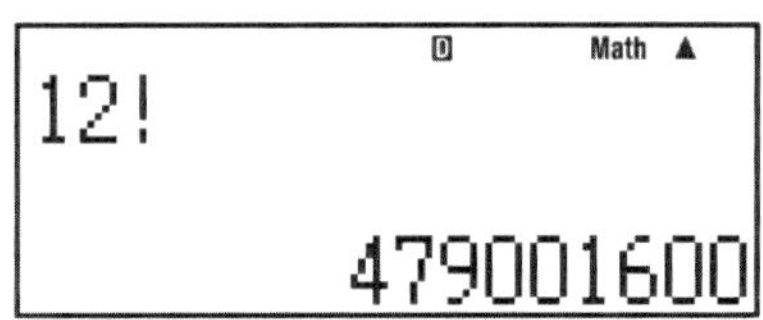

8.1.2 Ziehen aus einer Urne ohne Zurücklegen mit Beachtung der Reihenfolge (Permutation nPr)

Zieht man aus einer Urne mit n verschiedenen Kugeln r Kugeln ohne Zurücklegen, so gibt es

$$\frac{n!}{(n-r)!}$$

Möglichkeiten.
Wir ziehen 6 Kugeln aus 49.

49P6

1.006834752×10¹⁰

Eingabe **n**, **2nd + Taste** X = **nPr, r!**

8.1.3 Ziehen aus einer Urne ohne Zurücklegen ohne Beachtung der Reihenfolge (Kombination nCr)

Zieht man aus einer Urne mit n verschiedenen Kugeln r Kugeln mit Zurücklegen, so gibt es

$$\frac{n!}{r!\cdot(n-r)!}$$

Möglichkeiten.
Wir ziehen 6 Kugeln aus 49, ohne Beachtung der Reihenfolge.

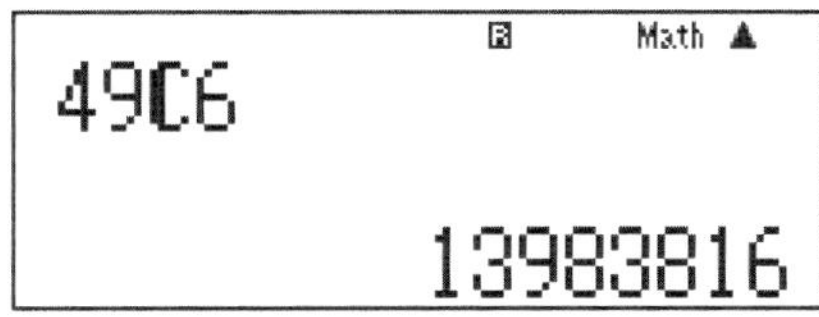

Eingabe **n**, **2nd + Taste X = nCr, r!**

8.2 Binomialverteilung

Bernoulli-Experiment und Wahrscheinlichkeitsverteilung

Die Formel für eine Binomialverteilung

$$P(k) = \binom{n}{k} \cdot p^k \cdot (1-p)^{n-k}$$

ist im Rechner nicht hinterlegt. Daher müssen wir den Rechenausdruck fast komplett eingeben. Lediglich für $\binom{n}{k}$ können wir die Funktion der **Kombinationen** verwenden.

Beispiel:

Ein Werkstück hat bei einer einzelnen Prüfung einen Fehler mit einer Wahrscheinlichkeit von 1 %. Die Prüfung wird 100-mal durchgeführt. Die Wahrscheinlichkeit, genau *k* fehlerhafte Werkstücke zu finden ist $P(k)$.

$n = 100, p = 0,01, k = 5$

Wir geben die Formel ein.

Beachte die richtige Eingabe der Potenzen sowie das Setzen der Klammern!

Die Wahrscheinlichkeit, genau 5 fehlerhafte Werkstücke zu finden beträgt $\approx 0.29\ \%$.

Math ▲
100C5×0.01⁵×0.9▸

Math ▲
100C5×0.01⁵×0.9▹
2.897787124×10⁻³

9 Analysis

9.1 Regressionsberechnungen

9.1.1 Lineare Regression

Eine lineare Funktion (eine Gerade) können wir durch mindestens 2 Punkte aus jeweils x- und y-Wert legen. Der Sonderfall mit 2 Punkten bedeutet, dass wir die Geradengleichung $y = m \cdot x + n$ mit m = Steigung und n = y-Achsenabschnitt exakt bestimmen. Bei drei oder mehr Punkten bestimmen wir eine Bestgerade durch die Punkte.

Wir starten im **MODE-Menü** mit **3: STAT** und anschließend mit **2: A+BX** für die lineare Regression.

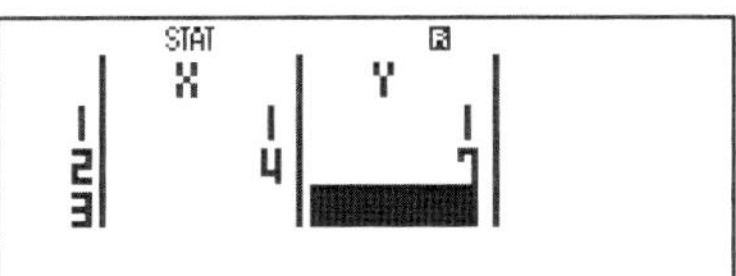

Beispiel:
Wir wollen die Geradengleichung durch die zwei Punkte **P (1|1)** und **Q (4|7)** bestimmen.

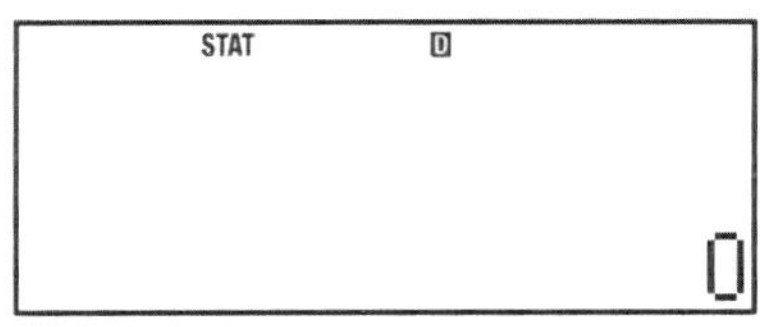

Wir geben die zwei Punkte in die Tabelle ein.
Mit der Taste **AC** schließen wir die Eingabe in der Tabelle ab.

Mit der Tastenkombination **2nd + 1** erhalten wir die Berechnungsoptionen.

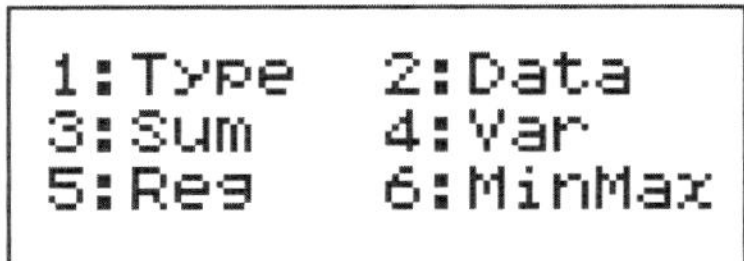

Wir wählen **5: Reg.**

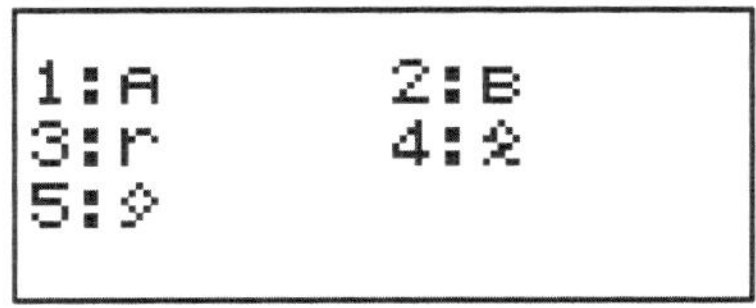

Mit **1: A** erhalten wir den Parameter A (y-Achsenabschnitt) und mit **2: B** erhalten wir den Parameter B (Steigung).

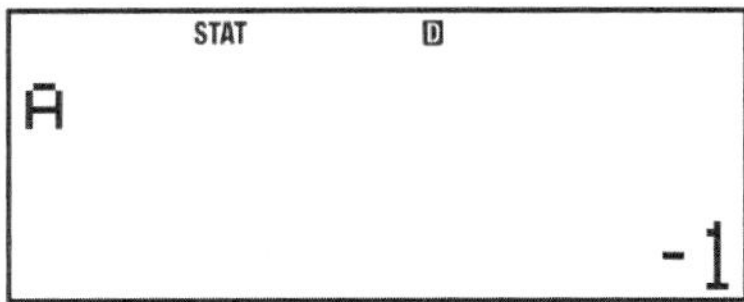

Beachte: Nach Aufruf von **1: A** oder **1: B** müssen wir immer noch die

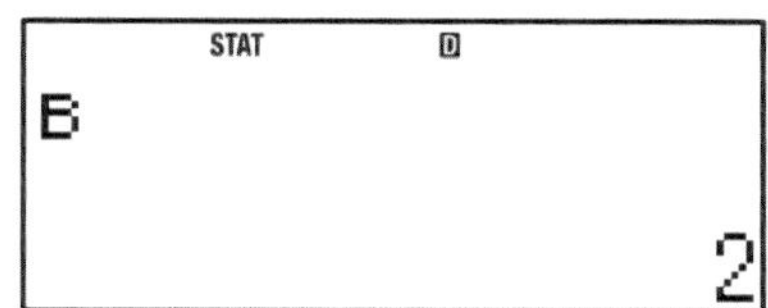

Taste **=** drücken, damit das Ergebnis berechnet wird!
Die klassische Berechnung bestätigt unsere Rechnung: Wir bestimmen die Steigung aus dem Steigungsdreieck:

$$m = \frac{y_2 - y_1}{x_2 - x_1} = \frac{7 - 1}{4 - 1} = \frac{6}{3} = 2$$

und den y-Achsenabschnitt durch einsetzen der Steigung und eines Punktes in die Gleichung:

$$y = m \cdot x + n$$

$$n = y - m \cdot x = 1 - 2 \cdot 1 = -1$$

9.1.2 Quadratische Regression

Durch 3 Punkte können wir exakt eine quadratische Funktion (eine Parabel) legen. Wir wählen hierzu im Statistik-Modus den Punkt **3: _+cX2**.

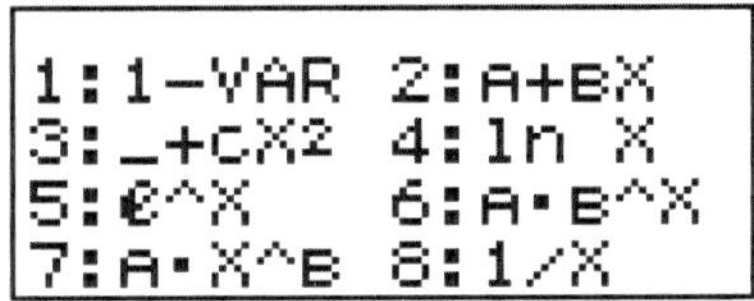

Die später berechneten Parameter **A, B, C** gehören zu der quadratischen Gleichung

$$y = A + B \cdot x + C \cdot x^2.$$

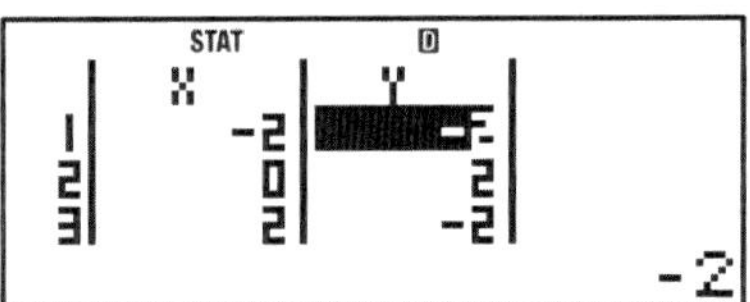

Beispiel:

Wir wollen die quadratische Gleichung bestimmen, deren Schaubild durch die folgenden Punkte verläuft: **P (-2|-2), Q (0|2), R (2|-2)**

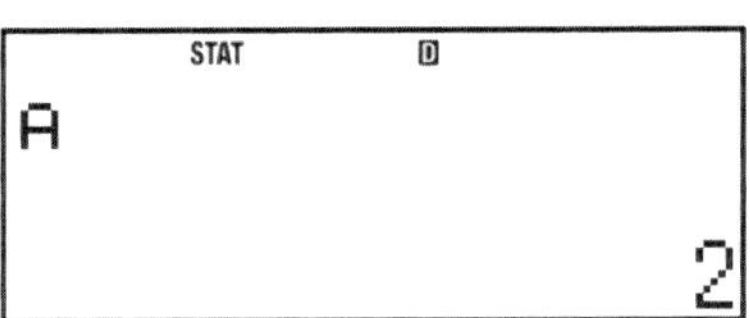

Die Eingabe schließen wir mit **AC** ab und rufen über die Tastenkombination **2nd + 1** und **5: Reg** die einzelnen Parameter ab.

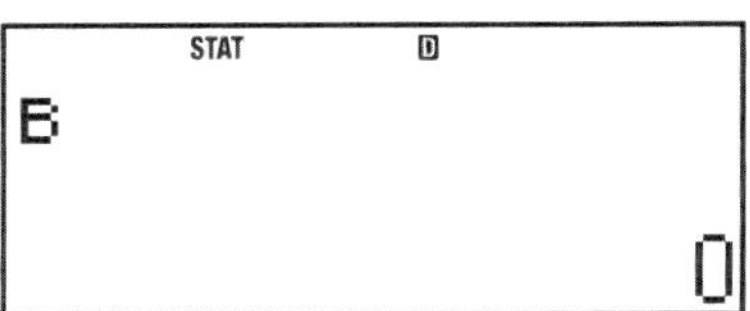

Die quadratische Gleichung lautet:

$$y = 2 - x^2$$

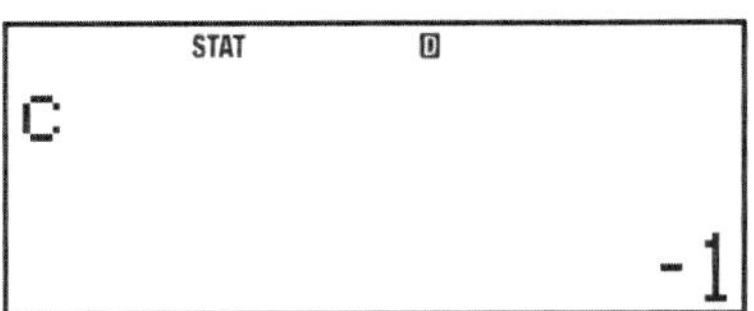

oder umgeformt

$$y = -x^2 + 2,$$

das ist die nach unten geöffnete und um 2 nach oben verschobene Normalparabel.

9.1.3 Exponentielle Regression

Eine Algenpopulation in einem See verdoppelt alle 3 Tage ihre Fläche. Zum Zeitpunkt **t = 0** sind bereits **10 m²** mit Algen zugewachsen.
Die Aufgabenstellung: Bestimmen Sie die zu Grunde liegende Funktion. Wir erstellen eine Wertetabelle.

Zeit [Tage]	0	3	6	9	12
Fläche [m^2]	10	20	40	80	160

Mit diesen Werten führen wir eine exponentielle Regression durch.

MODE - Menü: **3: STAT**

```
1:COMP   2:CMPLX
3:STAT   4:BASE-N
5:EQN    6:MATRIX
7:TABLE  8:VECTOR
```

Als Exponentialfunktion mit einem möglichen Parameter im Exponenten wählen wir:

5: e^X

D. h. die Funktion **y = A · e^(BX)** wird gesucht.

```
1:1-VAR  2:A+BX
3:_+CX2  4:ln X
5:e^X    6:A•B^X
7:A•X^B  8:1/X
```

Nach der Eingabe der Werte in der Tabelle schließen wir mit **AC** ab.
Mit **2nd + 1** und **5: Reg** rufen wir die Parameter A und B ab.

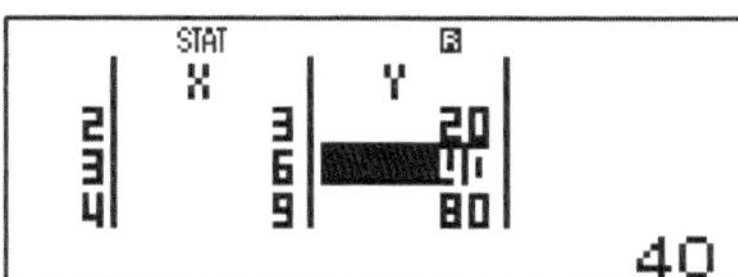

```
1:A      2:B
3:r      4:x̂
5:ŷ
```

Die gesuchte Funktion lautet:

$f(x) = 10 \cdot e^{0.231x}$.

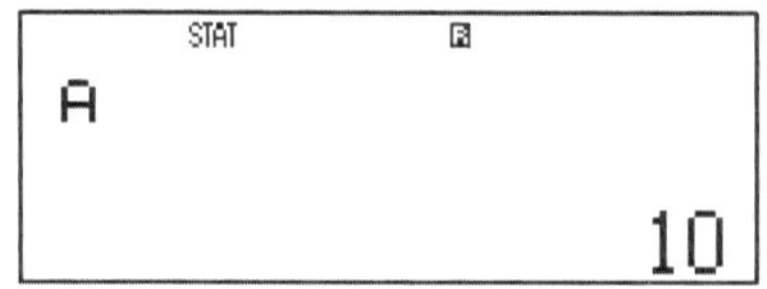

```
B
0.2310490602
```

9.2 Ableitung einer Funktion $f(x)$ an einer Stelle x_0

Wir bestimmen die Steigung (1. Ableitung) an der Stelle x_0 von $f(x)$.

$f(x) = x^3 + 4x^2 - 3x + 1, x_0 = 2$

Die klassische Rechnung:

$$f'(x) = 3x^2 + 8x - 3$$

$$f'(2) = 3 \cdot 2^2 + 8 \cdot 2 - 3 = 25$$

Wir starten im Berechnungsfenster **(Menü: 1:COMP).**

```
1:COMP   2:CMPLX
3:STAT   4:BASE-N
5:EQN    6:MATRIX
7:TABLE  8:VECTOR
```

Wir drücken die Tastenkombination

.

```
                Math
d/dx(□)|x=□
```

Es erscheint der Term für die Ableitung und wir können die Funktion sowie den Funktionswert eingeben.

```
                Math
d/dx(X³+4X²-3X)|x▶
```

```
                Math
◀X³+4X²-3X)|x=2
```

Die Eingabe schließen wir mit der Taste = ab.

Die Steigung an der Stelle $x = 2$ beträgt 25.

```
                Math ▲
d/dx(X³+4X²-3X)|x▷
                   25
```

9.3 Extremstellen bestimmen

Der Rechner kann den Term der 1. Ableitung nicht bestimmen. Daher muss der Funktionsterm der 1. Ableitung klassisch bestimmt werden. Anschließend bedeutet die Bestimmung von Hoch- oder Tiefpunkt das Lösen einer Gleichung. Wir bleiben bei der Funktion aus dem vorangegangenen Abschnitt.

$f(x) = x^3 + 4x^2 - 3x + 1$. Die 1. Ableitung lautet: $f(x) = 3x^2 + 8x - 3$.

Wir wollen mit dem Rechner die Gleichung:

$$3x^2 + 8x - 3 = 0$$

lösen. Im **Menü** wählen wir den Punkt **5:EQN.**

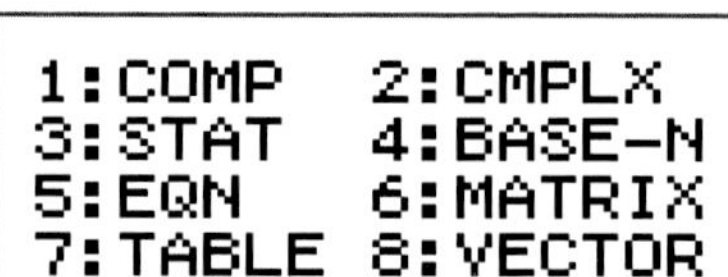

In diesem Fall handelt es sich um eine quadratische Gleichung, d. h. wir wählen **3: ax²+bx+c=0**.

1:anX+bnY=cn
2:anX+bnY+cnZ=dn
3:aX²+bX+c=0
4:aX³+bX²+cX+d=0

Wir geben die Parameter ein. Mit einem letzten Drücken der Taste ▬ schließen wir die Eingabe ab.

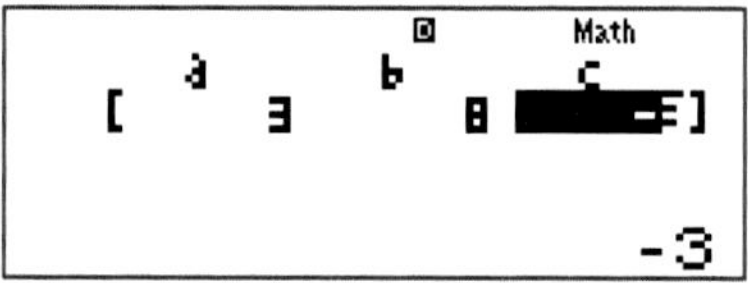

Als Extremstellen erhalten wir

$$x_1 = \frac{1}{3}, x_2 = -3\,.$$

X1=
1/3

X2=
-3

9.4 Wendestelle einer Funktion bestimmen

Die Bestimmung der Wendestellen läuft auf das Lösen einer Gleichung hinaus. Wir bleiben bei der Funktion aus dem vorherigen Beispiel:

$f(x) = x^3 + 4x^2 - 3x + 1$.

Die 1. Ableitung lautet: $f'(x) = 3x^2 + 8x - 3.$

Die 2. Ableitung lautet: $f''(x) = 6x + 8.$

Wir lösen die Gleichung

$6x + 8 = 0$.

Hierzu geben wir die Gleichung ein.

Beachte!
Das Gleichheitszeichen ist jetzt die rote Doppelbelegung auf der Taste **CALC**!

Wir dürfen die Gleichung nicht mit einem Gleichheitszeichen abschließen, sondern drücken nach dem letzten Wert direkt 2nd + CALC für SOLVE!

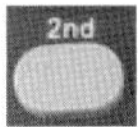

Es erscheint möglicherweise noch die Lösung der letzten Berechnung, daher müssen wir jetzt mit der Taste = abschließen. Die Wendestelle liegt bei $x = -\frac{4}{3}$.

Beachte!
Zum Lösen einer Gleichung mit **SOLVE** (numerisches Lösen einer Gleichung) sucht der Rechner in der Umgebung einer Zahl. Das ist nur dann von Bedeutung, wenn die Gleichung mehr wie eine Lösung hat.

```
D                Math
6×X+8=0
```

```
D                Math
Solve for X
                    2
```

```
D                Math
6×X+8=0
X=       -1.333333333
L-R=                0
```

SOLVE liefert immer nur EINE Lösung!
Die Anzeige **L - R = 0** bedeutet, dass die Lösung von „links“ gleich der Lösung von „rechts“ ist und es sich daher um die richtige Lösung handelt.

9.5 Bestimmtes Integral

Zur Bestimmung eines Integrals einer Funktion in den Grenzen a und b finden wir eine eigene Taste auf unserem Rechner.

Wir wollen das Integral der Funktion $f(x) = 2x^2 - x$ in den Grenzen von 1 bis 4 berechnen.

Klassisch:

$$\int_1^4 (2x^2 - x)dx = \left[\frac{2}{3}x^3 - \frac{1}{2}x^2\right]_1^4$$

$$= 34\frac{2}{3} - \frac{1}{6} = 34\frac{1}{2}$$

Beachte! Das bestimmte Integral berechnet **NICHT** den Flächeninhalt zwischen Graph und x-Achse, wenn Nullstellen existieren. Dann muss abschnittsweise zwischen den Nullstellen das Integral bestimmt werden!

9.6 Fläche zwischen den Graphen von zwei Funktionen

Der Flächeninhalt zwischen zwei Funktionen $f(x)$und $g(x)$ kann **NUR** dann als Integral der Differenz der beiden Funktionen $f(x) - g(x)$ gerechnet werden, wenn

- die beiden Graphen sich in den Berechnungsgrenzen nicht schneiden.
- keine Nullstellen haben.
- $f(x)$ in den Berechnungsgrenzen stets größer als $g(x)$ ist.

Beachte! Diese Bedingungen bzw. Einschränkungen liegen fast immer vor, sodass immer zuerst alle Nullstellen und die Schnittpunkte der beiden Graphen berechnet werden sollten, bevor eine Integration erfolgt!

9.7 Volumen von Rotationskörpern

Stellen wir uns den Graphen einer Funktion um die x-Achse rotierend vor. Hierbei ist besonders zu beachten, dass KEINE Nullstellen vorliegen.

Dann berechnen wir „Kreis-Scheibchen“ mit dem Radius des x-Wertes. Für eine Kreisscheibe rechnen wir mit dem Zylindervolumen und damit

$$dV = x^2 \cdot \pi \cdot dx\ .$$

Diese Volumenstückchen werden mit dem Integral aufsummiert. Daher gilt für das Rotationsvolumen einer Funktion $f(x)$:

$$V = \pi \cdot \int_a^b \left(f(x)\right)^2 \cdot dx\ .$$

Betrachten wir die proportionale Funktion $f(x) = 0{,}5 \cdot x$. Rotiert der Graph dieser Geraden in den Grenzen von 0 bis 5, ergibt sich ein Kegel mit der Höhe $h = 5$ und dem Radius $r = f(5) = 2.5$.

Klassisch als Kegel:

$$V = \frac{1}{3} \cdot r^2 \cdot \pi \cdot h =$$

$$\frac{1}{3}\pi \cdot 2.5^2 \cdot 5 \approx 32.7$$

Als Integral:

$$V = \pi \cdot \int_0^5 (0.5x)^2 dx$$

$$= \pi \cdot \int_0^5 0.25x^2 dx \approx 32.7$$

```
                Math ▲
π×∫₀⁵(0.5×X)²dx
```

```
                Math ▲
π×∫₀⁵(0.5×X)²dx
        32.72492347
```

10 Vektorrechnung

10.1 Einfache Vektoroperationen

Zur Berechnung von Vektorsummen, der Länge von Vektoren, Skalarprodukt und Vektorprodukt wechseln wir im **Hauptmenü** zu **8: VECTOR**.

```
1:COMP   2:CMPLX
3:STAT   4:BASE-N
5:EQN    6:MATRIX
7:TABLE  8:VECTOR
```

10.1.1 Vektoren im Vektorspeicher hinterlegen

Wir können insgesamt 3 Vektoren (A, B, C) definieren. Nur mit diesen Vektoren können wir anschließend rechnen.

```
Vector?
1:VctA   2:VctB
3:VctC
```

Wir geben die folgenden Vektoren ein:

$$\vec{a} = \begin{pmatrix} 1 \\ 3 \\ 5 \end{pmatrix}, \vec{b} = \begin{pmatrix} 0 \\ 1 \\ -3 \end{pmatrix}.$$

```
VctA(m)  m?
1:3      2:2
```

Wir wählen 1 für **VctA** und **1:3** für **3 Dimensionen**. Anschließend geben wir die einzelnen Komponenten des Vektors ein und schließen immer mit der Taste = ab.

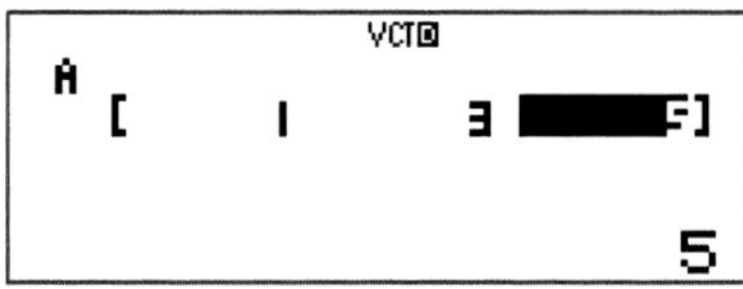

Analog geben wir den zweiten Vektor ein.

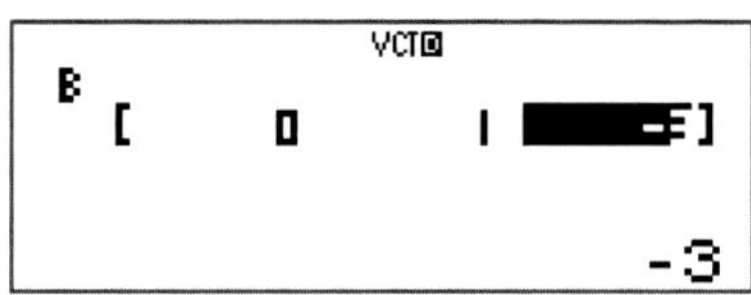

Mit der Taste **2nd + 5** (VECTOR)

Erhalten wir Optionen zum Aufrufen der Vektoren in Rechnungen oder bestimmten Vektoroperationen wie das Vektorprodukt (**7:Dot**).

```
1:Dim    2:Data
3:VctA   4:VctB
5:VctC   6:VctAns
7:Dot
```

10.1.2 Betrag eines Vektors

Berechnungen erfolgen im Vektor Berechnungsfenster, wenn wir zuvor die Eingabe des letzten Vektors mit der Taste **AC** abgeschlossen haben.
Oben im Fenster steht nun immer **VCT, siehe Bild.**

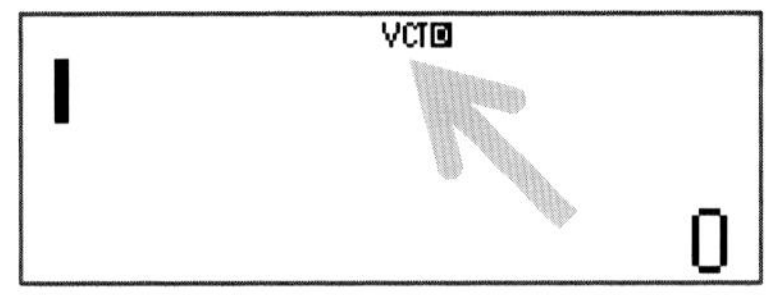

Um den Betrag des Vektors $\vec{a}$ zu berechnen drücken wir **2nd + HYP** für **Abs** (Betrag), wählen mit **2nd + 5 (VECTOR)** den Vektor A aus, schließen die Klammer und schließen die Eingabe mit der Taste **=**.

VCT
Abs(VctA)
5.916079783

Zum Vektor $\vec{a} = \begin{pmatrix} 1 \\ 3 \\ 5 \end{pmatrix}$ die Länge klassisch berechnet:

$$\sqrt{1^2 + 3^2 + 5^2} = \sqrt{35} \approx 5.916 \ldots$$

10.1.3 Abstand von zwei Vektoren, Addition und Subtraktion

Wir berechnen den Abstand der beiden Vektoren $\vec{a}$ und $\vec{b}$, die wir unter **VctA** und **VctB** gespeichert haben. Der **Abstand von zwei Vektoren** ergibt sich als Betrag der Differenz der Ortsvektoren.

$$\overline{AB} = |\vec{b} - \vec{a}| = \left| \begin{pmatrix} 0 \\ 1 \\ -3 \end{pmatrix} - \begin{pmatrix} 1 \\ 3 \\ 5 \end{pmatrix} \right|$$

$$= \left| \begin{pmatrix} -1 \\ -2 \\ -8 \end{pmatrix} \right| = \sqrt{69} \approx 8.3.$$

VCT
Abs(VctB-VctA)
8.306623863

Beachte!
Mit **2nd + 5 (VECTOR)** wählt man die Vektoren aus dem Speicher aus!

10.1.4 Das Skalarprodukt

Wir berechnen das **Skalarprodukt** der beiden Vektoren $\vec{a}$ und $\vec{b}$.

```
1:Dim     2:Data
3:VctA    4:VctB
5:VctC    6:VctAns
7:Dot
```

$$\vec{a}\cdot\vec{b}=\begin{pmatrix}1\\3\\5\end{pmatrix}\cdot\begin{pmatrix}0\\1\\-3\end{pmatrix}=0+3-15$$

$$=-12$$

```
VCT
VctA
                 0
```

Im Rechner rufen wir über **2nd + 5** den ersten Vektor (**VctA**) mit **3:Vct A** auf, anschließend drücken wir wieder **2nd + 5** und wählen mit **7:Dot** das Multiplikationszeichen für das Skalarprodukt aus. Jetzt wählen wir analog noch **VctB** aus und schließen mit der Taste = ab.

```
VCT
VctA·VctB
               -12
```

10.1.5 Das Vektorprodukt (Kreuzprodukt)

Wir berechnen das **Vektorprodukt** der Vektoren $\vec{a}$ und $\vec{b}$.

```
1:Dim     2:Data
3:VctA    4:VctB
5:VctC    6:VctAns
7:Dot
```

$$\vec{a}\times\vec{b}=\begin{pmatrix}1\\3\\5\end{pmatrix}\times\begin{pmatrix}0\\1\\-3\end{pmatrix}=\begin{pmatrix}-14\\3\\1\end{pmatrix}$$

Das Kreuz für das Kreuzprodukt ist das Malzeichen **X** auf der Tastatur. Für die Eingabe wählen wir die Vektoren wieder mit **2nd + 5** aus.

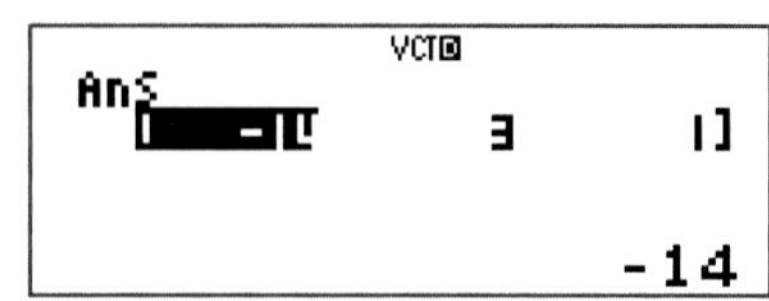

10.1.6 Winkel zwischen Vektoren

Den Winkel zwischen zwei Vektoren können wir nicht direkt mit einer hinterlegten Formel ausrechnen!

Aus der Definition des Skalarproduktes kennen wir die Formel für den Winkel zwischen zwei Vektoren:

$$cos(\alpha) = \frac{\vec{a} \cdot \vec{b}}{|\vec{a}\,| \cdot |\vec{b}\,|}$$

Wir kennen schon Teilergebnisse:

$\vec{a} \cdot \vec{b} = -12, |\vec{a}| = \sqrt{35}, |\vec{b}| = \sqrt{10}$

damit ist

$$cos(\alpha) = -\frac{12}{\sqrt{35 \cdot 10}} \approx -0.641$$

und $\alpha \approx 130°$.

Wichtig: Gradmaß einstellen!

```
VCT
VctA·VctB÷(Abs(▶
-0.6414269806
```

Das Ergebnis setzen wir mit dem Antwortspeicher (**Ans**) in den inversen Kosinus (**2nd + COS**) ein.

```
VCT
cos⁻¹(Ans)
129.8983083
```

10.1.7 Vektoren normieren auf die Länge 1

Im Rechner ist keine Formel für die Normierung eines Vektors hinterlegt.

Um einen Vektor auf die Länge 1 zu normieren verwenden wir die bekannte Formel. Wir berechnen zunächst den Betrag, dann den Kehrwert und multiplizieren dann mit dem Vektor $\vec{a}$.

Es gilt: $\vec{a}_{|1|} = \frac{1}{|\vec{a}|} \cdot \vec{a} = \frac{1}{\sqrt{35}} \begin{pmatrix} 1 \\ 3 \\ 5 \end{pmatrix}$

$$\vec{a}_{|1|} \approx \begin{pmatrix} 0.17 \\ 0.51 \\ 0.85 \end{pmatrix}$$

```
VCT
Abs(VctA)⁻¹
0.1690308509
```

```
VCT
Ans×VctA
0
```

```
VCT
Ans
[0.169 0.507 0.8451]
0.1690308509
```

10.2 Standardaufgaben der Vektorrechnung

10.2.1 Lineare Abhängigkeit von Vektoren

Drei Vektoren sind linear unabhängig, wenn durch nur eine mögliche Linearkombination aller drei Vektoren der Nullvektor gebildet werden kann. **Alle Koeffizienten der Linearkombination müssen Null sein!**

Das läuft auf das Lösen eines linearen Gleichungssystems heraus.

Sind die drei Vektoren $\vec{a}, \vec{b}, \vec{c}$ linear abhängig oder unabhängig?

$$\vec{a} = \begin{pmatrix} 4 \\ 0 \\ -1 \end{pmatrix}, \vec{b} = \begin{pmatrix} 1 \\ -2 \\ -5 \end{pmatrix}, \vec{c} = \begin{pmatrix} -2 \\ -2 \\ 0 \end{pmatrix}$$

Bei linearer Unabhängigkeit gibt es nur eine Lösung $(\boldsymbol{\alpha}, \boldsymbol{\beta}, \boldsymbol{\gamma}) = (\mathbf{0}, \mathbf{0}, \mathbf{0})$ für das Gleichungs-system:

$$\alpha \cdot \begin{pmatrix} 4 \\ 0 \\ -1 \end{pmatrix} + \beta \cdot \begin{pmatrix} 1 \\ -2 \\ -5 \end{pmatrix} + \gamma \cdot \begin{pmatrix} -2 \\ -2 \\ 0 \end{pmatrix} = \begin{pmatrix} 0 \\ 0 \\ 0 \end{pmatrix}$$

Wir lösen das lineare Gleichungssystem mit dem Rechner:

(1) $\mathbf{4}\boldsymbol{\alpha} + \boldsymbol{\beta} - \mathbf{2}\,\boldsymbol{\gamma} = \mathbf{0}$

(2) $-\mathbf{2}\,\boldsymbol{\beta} - \mathbf{2}\,\boldsymbol{\gamma} = \mathbf{0}$

(3) $-\boldsymbol{\alpha} - \mathbf{5}\,\boldsymbol{\beta} = \mathbf{0}$

Wir erhalten $\boldsymbol{\alpha} = \mathbf{0}, \boldsymbol{\beta} = \mathbf{0}, \boldsymbol{\gamma} = \mathbf{0}$.

Die Vektoren sind linear unabhängig!

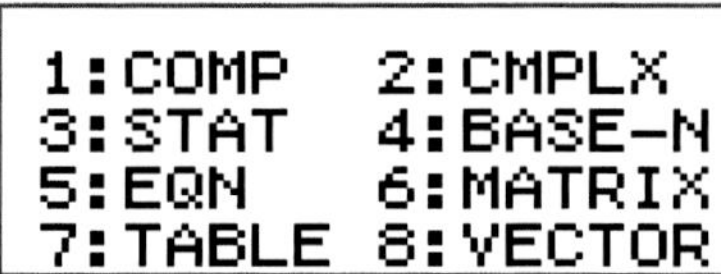

5:EQN für Gleichungssysteme

1: anX+bnY=cn
2: anX+bnY+cnZ=dn
3: aX2+bX+c=0
4: aX3+bX2+cX+d=0

2: anX+bnY+cnZ=dn

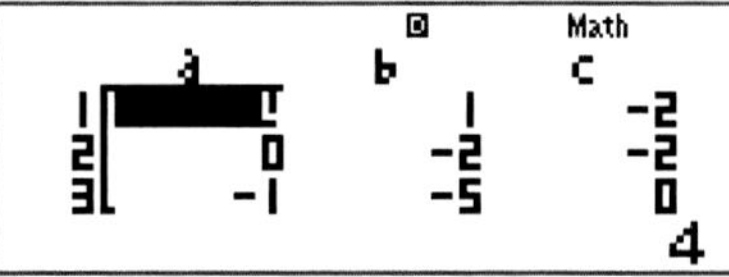

Parameter eingeben

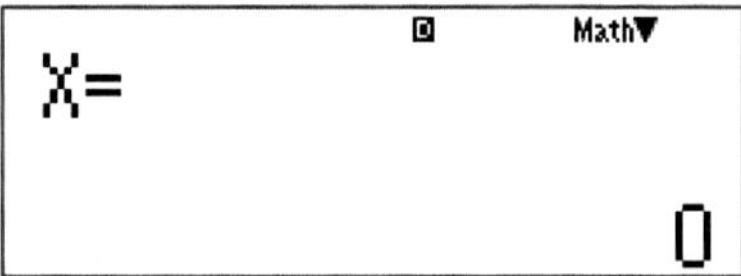

Math▼▲
Y=
0

Math ▲
Z=
0

10.2.2 Punktprobe Gerade - Liegt Punkt auf einer Geraden?

Wir prüfen ob der Punkt **P (1|3|-2)** auf der Geraden **g** liegt, die in Parameterform vorliegt:

$$g: \vec{x} = \begin{pmatrix} 4 \\ 2 \\ 1 \end{pmatrix} + \lambda \cdot \begin{pmatrix} -3 \\ 1 \\ -3 \end{pmatrix}$$

Wir setzen den Punkt **P** in die Gleichung ein und müssen das folgende Gleichungssystem lösen:

$$\begin{pmatrix} 1 \\ 3 \\ -2 \end{pmatrix} = \begin{pmatrix} 4 \\ 2 \\ 1 \end{pmatrix} + \lambda \cdot \begin{pmatrix} -3 \\ 1 \\ -3 \end{pmatrix}$$

Wir lösen die 1. Gleichung und prüfen die beiden anderen mit dem erhaltenen Ergebnis.

Die erste Zeile (Gleichung) hat als Lösung $x = 1$ bzw. in unserer Gleichung $\lambda = 1$.

Wir prüfen die 2. und 3. Gleichung indem wir den Wert $x\ bzw.\ \lambda = 1$ einsetzen.

Beide Gleichungen werden durch $\lambda = 1$ gelöst.

1=4-3×X

2nd + CALC = SOLVE

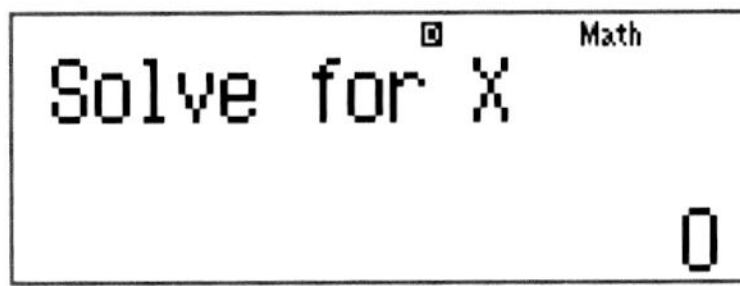

1=4-3×X
X= 1
L-R= 0

2+1×1
3

1-3×1
-2

10.2.3 Abstand Punkt - Gerade

Den Abstand eines Punktes **P** von einer Geraden **g** bestimmen wir mit einer Hilfsebene, die durch den Punkt **P** verläuft. In diesem Fall ist der Richtungsvektor der Geraden ein Normalenvektor der Ebene. Mit dieser Hilfsebene bestimmen wir den Lotfußpunkt als Schnittpunkt der Ebene mit der Geraden. Der Abstand des Lotfußpunktes zu Punkt **P** ist der gesuchte Abstand des Punktes von der Geraden!

Wir berechnen hier Schritt für Schritt den Abstand des Punktes

P (1| 4| 1) von der Geraden $g: \vec{x} = \begin{pmatrix} -1 \\ 0 \\ 2 \end{pmatrix} + \lambda \cdot \begin{pmatrix} 2 \\ 1 \\ -1 \end{pmatrix}$.

Der Richtungsvektor der Geraden **g** ist ein Normalenvektor der senkrechten Ebene durch den Punkt **P**. Es gilt für diese Ebene die Punkt-Normalenform:

$$\vec{n} \cdot (\vec{x} - \vec{p}) = 0$$

Wir setzen ein:

$$\begin{pmatrix} 2 \\ 1 \\ -1 \end{pmatrix} \cdot \left(\begin{pmatrix} x_1 \\ x_2 \\ x_3 \end{pmatrix} - \begin{pmatrix} 1 \\ 4 \\ 1 \end{pmatrix} \right) = 0$$

Wenn wir diese Gleichung ausrechnen erhalten wir eine Ebenengleichung in Koordinatenform: $2x_1 + x_2 - x_3 - 5 = 0$.

Allerdings setzen wir die Geradengleichung in die Normalengleichung ein, um den Lotfußpunkt zu erhalten:

$$\begin{pmatrix} 2 \\ 1 \\ -1 \end{pmatrix} \cdot \left(\begin{pmatrix} -1 \\ 0 \\ 2 \end{pmatrix} + \lambda \cdot \begin{pmatrix} 2 \\ 1 \\ -1 \end{pmatrix} - \begin{pmatrix} 1 \\ 4 \\ 1 \end{pmatrix} \right) = 0$$

Ausmultipliziert führt uns diese Gleichung auf eine Gleichung mit einer Unbekannten, die wir mit dem Rechner lösen wollen.

$$\begin{pmatrix} 2 \\ 1 \\ -1 \end{pmatrix} \cdot \begin{pmatrix} -1 \\ 0 \\ 2 \end{pmatrix} + \lambda \cdot \begin{pmatrix} 2 \\ 1 \\ -1 \end{pmatrix} \cdot \begin{pmatrix} 2 \\ 1 \\ -1 \end{pmatrix} - \begin{pmatrix} 2 \\ 1 \\ -1 \end{pmatrix} \cdot \begin{pmatrix} 1 \\ 4 \\ 1 \end{pmatrix} = 0$$

$$\Leftrightarrow \; 6\lambda - 9 = 0$$

Wir lösen die Gleichung $6\lambda - 9 = 0$ mit dem Rechner obwohl die Lösung in diesem Fall offensichtlich ist.

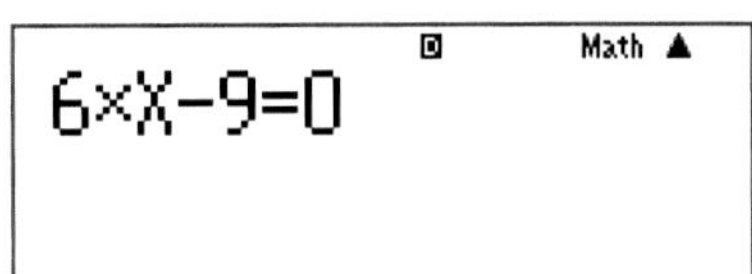

Im Berechnungsfenster geben wir die Gleichung ein. Beachte die Taste **ALPHA** für die Eingabe von **x** und dem **=** Zeichen!

Math
6×X-9=0
X= 1.5
L-R= 0

Wir drücken die Taste **2nd + CALC** (**SOLVE**) und anschließend die Taste = und wir erhalten die Lösung:

$$x = \lambda = \frac{9}{6} = 1.5$$

Wir setzen λ in die Geradengleichung ein und erhalten den Lotfußpunkt:

$$\vec{x} = \begin{pmatrix} -1 \\ 0 \\ 2 \end{pmatrix} + 1.5 \cdot \begin{pmatrix} 2 \\ 1 \\ -1 \end{pmatrix} = \begin{pmatrix} 2 \\ 1.5 \\ 0.5 \end{pmatrix}.$$

Lotfußpunkt: $L(2\,|1.5|0.5)$ Punkt: $P(1\,|4\,|1\,)$

Wir geben die beiden Punkte als Vektoren ein und berechnen anschließend ihren Abstand:

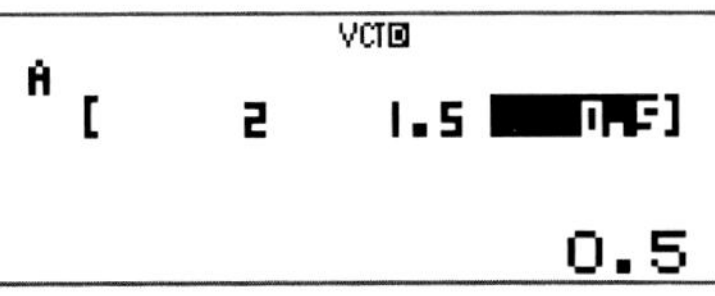

VctA: $\vec{l} = \begin{pmatrix} 2 \\ 1.5 \\ 0.5 \end{pmatrix}$

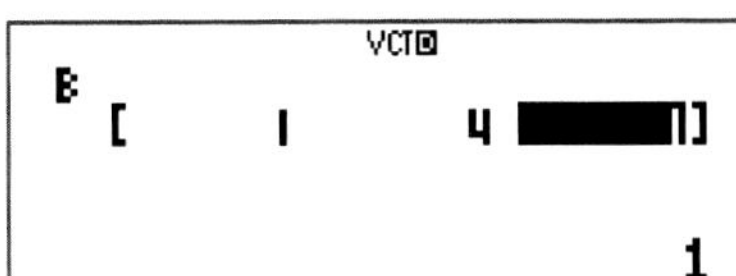

VctB: $\vec{p} = \begin{pmatrix} 1 \\ 4 \\ 1 \end{pmatrix}$

Abstand von **L** zu **P**: $\overrightarrow{|p - \vec{l}|} \approx 2.74$

VCT
Abs(VctB-VctA)
2.738612788

10.2.4 Ebene von Koordinatenform in Normalenform bringen

Von einer Ebene sei die Koordinatenform: $2x_1 + 3x_2 + x_3 = 10$

gegeben. Dann kann ein Normalenvektor abgelesen werden: $\vec{n} = \begin{pmatrix} 2 \\ 3 \\ 1 \end{pmatrix}$.

Für die Normalenform benötigen wir nur noch einen Punkt, d. h. wir setzen einfach $x_2 = 0$, $x_3 = 0$ und lösen die verbleibende Gleichung:

```
2×X=10
X=        5
L-R=      0
```

$$2x_1 = 10 \quad \Leftrightarrow \quad x_1 = 5$$

Damit haben wir einen Punkt auf der Ebene bzw. einen passenden

Ortsvektor $\vec{p} = \begin{pmatrix} 5 \\ 0 \\ 0 \end{pmatrix}$

und können die Normalenform direkt hinschreiben:

$$\begin{pmatrix} 2 \\ 3 \\ 1 \end{pmatrix} \cdot \left(\vec{x} - \begin{pmatrix} 5 \\ 0 \\ 0 \end{pmatrix} \right) = 0.$$

10.2.5 Ebene aus Normalenform in Koordinatenform bringen

Gegeben sei die Ebenengleichung in Koordinatenform:

$$\begin{pmatrix} -2 \\ 2 \\ 5 \end{pmatrix} \cdot \left(\vec{x} - \begin{pmatrix} 2 \\ 1 \\ -1 \end{pmatrix} \right) = 0$$

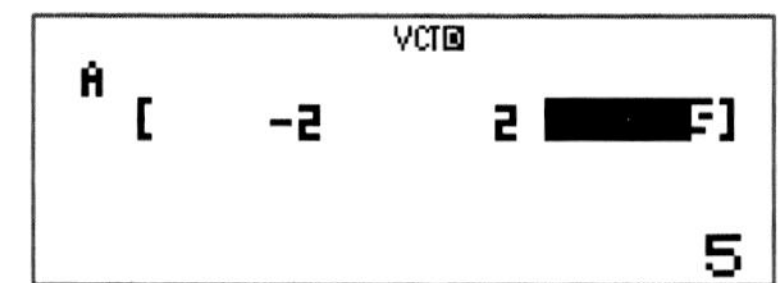


```
B
[ 2 1 -1]
-1
```

Wir benötigen das Skalarprodukt der beiden Vektoren in dieser Gleichung.

$$\begin{pmatrix} -2 \\ 2 \\ 5 \end{pmatrix} \cdot \begin{pmatrix} 2 \\ 1 \\ -1 \end{pmatrix} = -4 + 2 - 5 = -7$$

```
VctA·VctB
                -7
```

Das Skalarprodukt berechnen wir mit dem Rechner, indem wir zuerst die beiden Vektoren als **VctA** und **VctB** eingeben. Anschließend berechnen wir das Skalarprodukt.

$$-2x_1 + 2x_2 + 5x_3 - (-7) = 0$$

$$\Leftrightarrow \quad -2x_1 + 2x_2 + 5x_3 = -7$$

10.2.6 Ebene in Parameterform in Normalenform bringen

Gegeben sei eine Ebene in der Parameterform:

$$e: \vec{x} = \begin{pmatrix} -1 \\ 0 \\ 2 \end{pmatrix} + \lambda \cdot \begin{pmatrix} 2 \\ 1 \\ -1 \end{pmatrix} + \mu \cdot \begin{pmatrix} -1 \\ 0 \\ 3 \end{pmatrix}.$$

Für die Normalenform bilden wir das Vektorprodukt der beiden Richtungsvektoren, um einen Normalenvektor zu erhalten. Hierzu geben wir die beiden Richtungsvektoren ein:

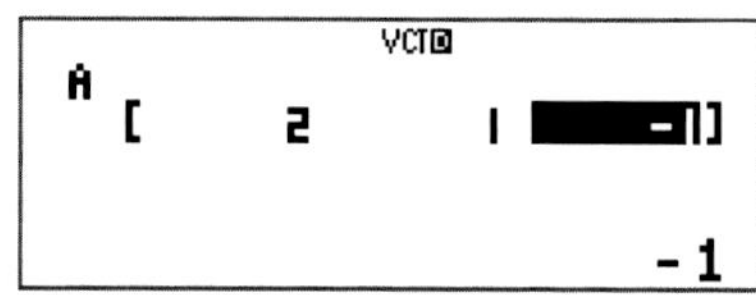

VctA: $\vec{a} = \begin{pmatrix} 2 \\ 1 \\ -1 \end{pmatrix}$

VctB: $\vec{b} = \begin{pmatrix} -1 \\ 0 \\ 3 \end{pmatrix}$

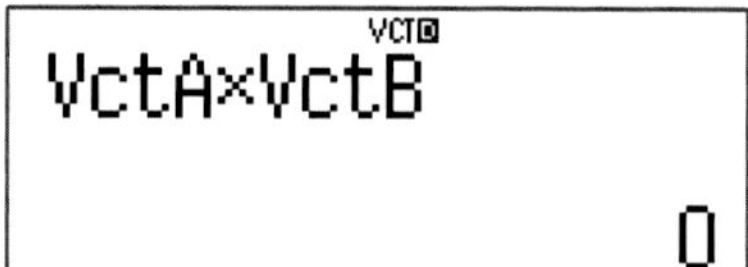

Der Normalenvektor wurde berechnet zu:

$$\vec{n} = \begin{pmatrix} 3 \\ -5 \\ 1 \end{pmatrix}$$

Als Punkt für die Normalenform nehmen wir den Aufpunktvektor:

$$\vec{p} = \begin{pmatrix} -1 \\ 0 \\ 2 \end{pmatrix}$$

Als Normalenform bauen wir nun die Vektoren in die Gleichung $\vec{n} \cdot (\vec{x} - \vec{p}) = 0$ ein und erhalten die Gleichung in Normalenform:

$$\begin{pmatrix} 3 \\ -5 \\ 1 \end{pmatrix} \cdot \left(\vec{x} - \begin{pmatrix} -1 \\ 0 \\ 2 \end{pmatrix} \right) = 0 .$$

10.2.7 Punktprobe Ebene - Bei Normalengleichung d. Ebene

Die Ebene **e** sei geben durch die Punkt-Normalen-Gleichung:

$$\begin{pmatrix}2\\1\\1\end{pmatrix}\cdot\left(\vec{x}-\begin{pmatrix}1\\4\\1\end{pmatrix}\right)=0$$

VCT
A [2 1 1]
1

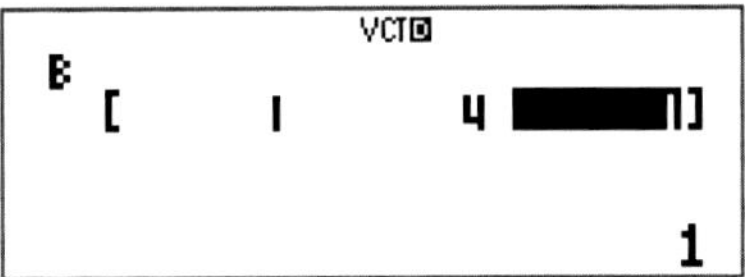

Geprüft werden soll, ob der Punkt $P(-1\,|4\,|5\,)$ auf der Ebene liegt.

VCT
C [-1 4 5]
5

Für die Berechnung müssen wir 3 Vektoren in den Speicher eintragen

VCT
VctA•(VctC-VctB)
0

VctA: $\begin{pmatrix}2\\1\\1\end{pmatrix}$

VctB: $\begin{pmatrix}1\\4\\1\end{pmatrix}$

VctC: $\begin{pmatrix}-1\\4\\5\end{pmatrix}$

und anschließend den Ausdruck

$$VctA\cdot(VctC-VctB)$$

berechnen.

Wenn das Skalarprodukt Null ist, liegt der Punkt in der Ebene!

Beachte die Reihenfolge der Vektoren und die Form der Gleichung. **Das Zeichen zur Multiplikation darf nur als Skalarprodukt eingegeben werden!**

10.2.8 Abstand Punkt - Ebene

Variante 1: Lotgerade und Lotfußpunkt

Gegeben sei der Punkt $P(7\,|2\,|-1\,)$ und die Ebenengleichung in Parameterform.

$$e: \vec{x} = \begin{pmatrix} -1 \\ 0 \\ 2 \end{pmatrix} + \lambda \cdot \begin{pmatrix} 2 \\ 1 \\ -1 \end{pmatrix} + \mu \cdot \begin{pmatrix} -1 \\ 0 \\ 3 \end{pmatrix}$$

Aus dem Punkt **P** und dem Normalenvektor der Ebene kann eine **Lotgerade** gebildet werden. Der Schnittpunkt der Lotgeraden mit der Ebene liefert den sog. Lotfußpunkt **L**. **Der Abstand von P zum Lotfußpunkt L ist der Abstand der Ebene zum Punkt P**.

Wir bestimmen einen Normalenvektor aus dem Kreuzprodukt (Vektorprodukt) der beiden Richtungsvektoren. Hierzu geben wir die beiden Richtungsvektoren ein:

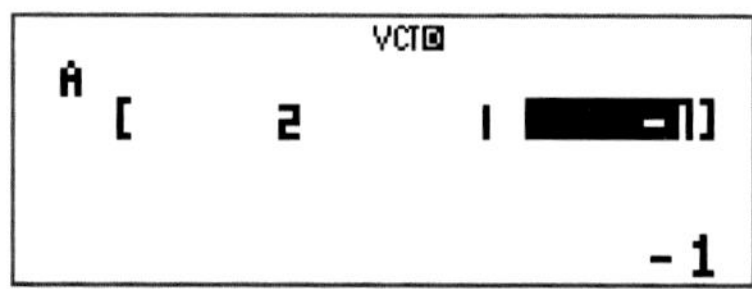

VctA: $\vec{a} = \begin{pmatrix} 2 \\ 1 \\ -1 \end{pmatrix}$

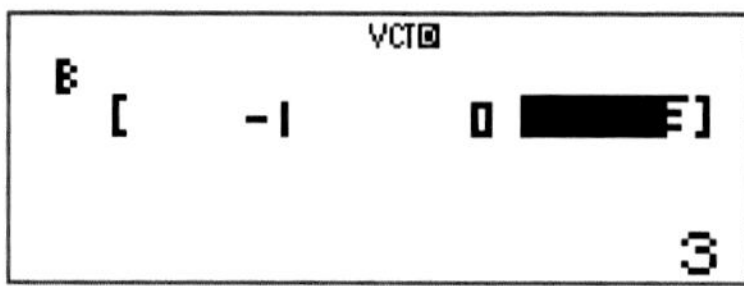

VctB: $\vec{b} = \begin{pmatrix} -1 \\ 0 \\ 3 \end{pmatrix}$

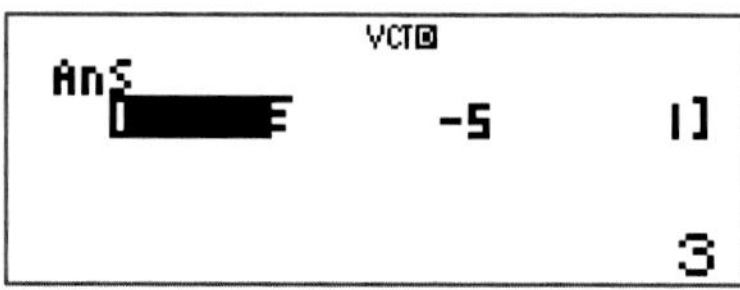

Der Normalenvektor lautet:

$$\vec{n} = \begin{pmatrix} 3 \\ -5 \\ 1 \end{pmatrix}.$$

Zusätzlich wollen wir für Variante 2 - die später folgt - noch den Normalenvektor $\vec{n}$ **auf die Länge 1 normieren**.

Es gilt: $\vec{n}_{|1|} = \frac{1}{|\vec{n}|} \cdot \vec{n} = \frac{1}{\sqrt{35}} \begin{pmatrix} 3 \\ -5 \\ 1 \end{pmatrix}$

Mit dem Punkt $P(7\,|2\,|-1\,)$ und dem Normalenvektor bilden wir die Gleichung der Lotgeraden.

$$g: \vec{x} = \begin{pmatrix} 7 \\ 2 \\ -1 \end{pmatrix} + \nu \cdot \begin{pmatrix} 3 \\ -5 \\ 1 \end{pmatrix}$$

Wir setzen Gerade und Ebenengleichung gleich und müssen nun ein Gleichungssystem mit 3 Unbekannten lösen.

$$\begin{pmatrix}7\\2\\-1\end{pmatrix}+\nu\cdot\begin{pmatrix}3\\-5\\1\end{pmatrix}=\begin{pmatrix}-1\\0\\2\end{pmatrix}+\lambda\cdot\begin{pmatrix}2\\1\\-1\end{pmatrix}+\mu\cdot\begin{pmatrix}-1\\0\\3\end{pmatrix}$$

Wir formen etwas um, damit wir die Parameter in den Rechner eingeben können.

$$\nu\cdot\begin{pmatrix}3\\-5\\1\end{pmatrix}-\lambda\cdot\begin{pmatrix}2\\1\\-1\end{pmatrix}-\mu\cdot\begin{pmatrix}-1\\0\\3\end{pmatrix}=\begin{pmatrix}-8\\-2\\3\end{pmatrix}$$

Wir lösen ein lineares Gleichungssystem mit 3 Unbekannten.

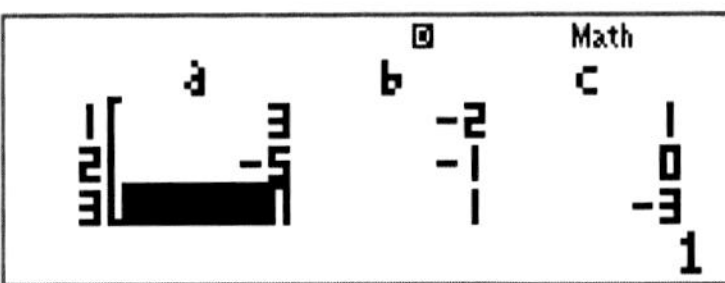

(I) $3\nu - 2\lambda + \mu = -8$
(II) $-5\nu - \lambda = -2$
(III) $\nu + \lambda - 3\mu = 3$

Im **Hauptmenü** über den Punkt **5:EQN** geben wir die Parameter ein. Wir erhalten die Lösungen. x entspricht ν.

X= $-\frac{11}{35}$

Y= $\frac{25}{7}$

Z= $\frac{3}{35}$

Eingesetzt in die Geradengleichung erhalten wir den Lotfußpunkt: $x = -\frac{11}{35}$,

$$g: \vec{x} = \begin{pmatrix}7\\2\\-1\end{pmatrix} - \frac{11}{35}\cdot\begin{pmatrix}3\\-5\\1\end{pmatrix}$$

Lotfußpunkt: $L(\frac{212}{35} \,|\, \frac{25}{7} \,|\, -\frac{46}{35})$

Abs(VctB-VctA)
1.85933936

Nach bekanntem Schema können wir jetzt den Abstand der beiden Punkte berechnen.

Der Abstand des Punktes von der Ebene beträgt $|\vec{l} - \vec{p}| \approx 1.86$.

Variante 2: Lotgerade und Lotfußpunkt mit Koordinatengleichung

Gegeben sei der Punkt $P(7\,|2\,|{-1}\,)$ und die Ebenengleichung in Koordinatenform: $e: 3x_1 - 5x_2 + x_3 = -1$.

Die Werte für x_1, x_2, x_3 der Lotgeraden (siehe Abschnitt zuvor)

$$g: \vec{x} = \begin{pmatrix} x_1 \\ x_2 \\ x_3 \end{pmatrix} = \begin{pmatrix} 7 \\ 2 \\ -1 \end{pmatrix} + \nu \cdot \begin{pmatrix} 3 \\ -5 \\ 1 \end{pmatrix}$$

setzen wir in die Koordinatengleichung ein und erhalten:

$3 \cdot (7 + 3\nu) - 5 \cdot (2 - 5\nu)$
$+(-1 + \nu) = -1$

$\Leftrightarrow 21 + 9\nu - 10 + 25\nu - 1 + \nu = -1$

$\Leftrightarrow 10 + 35\nu = -1$

$\Leftrightarrow \nu = -\frac{11}{35} \approx -0.314 \ldots$

Die erste Gleichung können wir auch mit unserem Rechner lösen.

Achtung! Bei der Eingabe eines derart langen Rechenausdrucks dürfen bei der Eingabe keine Fehler gemacht werden!

```
◀5×X)+(-1+X)=-1
```

```
3×(7+3×X)-5×(2-▶
X=   -0.314285714
L-R=            0
```

Wir erhalten die gleiche Lösung wie in Variante 1, nur etwas schneller.

10.2.9 Lagebeziehung zweier Geraden, Abstand

Gegeben seien die beiden Geraden:

$$g: \vec{x} = \begin{pmatrix} 3 \\ 2 \\ -1 \end{pmatrix} + \lambda \cdot \begin{pmatrix} 3 \\ -2 \\ 1 \end{pmatrix}, \quad h: \vec{x} = \begin{pmatrix} 1 \\ 1 \\ 1 \end{pmatrix} + \mu \cdot \begin{pmatrix} -2 \\ 1 \\ 0 \end{pmatrix}.$$

Es ist offensichtlich, dass beide Richtungsvektoren nicht linear abhängig sind (siehe Vorzeichen und Nullkomponente). **Daher kommen nur zwei Möglichkeiten in Betracht**:

- Die Geraden schneiden sich.
- Die Geraden verlaufen windschief.

1. Fall: Schnittpunkt prüfen

Wir setzen beide Gleichungen gleich und formen etwas um.

$$\begin{pmatrix} 3 \\ 2 \\ -1 \end{pmatrix} + \lambda \cdot \begin{pmatrix} 3 \\ -2 \\ 1 \end{pmatrix} = \begin{pmatrix} 1 \\ 1 \\ 1 \end{pmatrix} + \mu \cdot \begin{pmatrix} -2 \\ 1 \\ 0 \end{pmatrix}$$

$$\Leftrightarrow \quad \lambda \cdot \begin{pmatrix} 3 \\ -2 \\ 1 \end{pmatrix} - \mu \cdot \begin{pmatrix} -2 \\ 1 \\ 0 \end{pmatrix} = \begin{pmatrix} -2 \\ -1 \\ 2 \end{pmatrix}$$

Wir müssen ein Gleichungssystem mit 3 Gleichungen und 2 Unbekannten lösen. Das Gleichungssystem ist überbestimmt. Wir betrachten nur die ersten beiden Gleichungen und lösen ein Gleichungssystem mit 2 Gleichungen und 2 Unbekannten. Sollte dieses lösbar sein und 2 eindeutige Lösungen liefern, müssen wir die dritte Gleichung mit diesen Werten noch prüfen.

Lösung eines lin. Gleichungssystems für die ersten beiden Zeilen.

Math
a b c
1[3 2 -2]
2[-2 -1 -1]
-1

Wir erhalten als Lösung
$x = 4, y = -7$.

x entspricht λ, **y** entspricht μ in unserer Gleichung.

Mit λ, μ müssen wir die 3. Gleichung jetzt prüfen.

X=
4

Y=
-7

Wir tippen die Werte einfach im Berechnungsmodus ein:
$x = 4, y = -7$

$1 \cdot x - 0 \cdot y = 2$ **Falsch**.

Die beiden Geraden schneiden sich NICHT und sind somit windschief!

10.2.10 Lagebeziehung Punkt – Kugel

Wir wollen prüfen, ob der Punkt $P\ (1|\ 4|\ 7)$ auf der Kugel mit der Gleichung

$$(x_1-4)^2+(x_2+1)^2+(x_3-2)^2=6^2$$

liegt oder ob der Punkt innerhalb oder außerhalb der Kugel liegt. Wir stellen diese Gleichung in eine vektorielle Form um:

$$\left|\vec{x}-\begin{pmatrix}4\\-1\\2\end{pmatrix}\right|^2=6^2$$

Der Radius der Kugel beträgt $r = 6$. Daher prüfen wir den Abstand von Mittelpunkt zu Punkt **P**.

$$|\vec{p}-\vec{m}|=\left|\begin{pmatrix}1\\4\\7\end{pmatrix}-\begin{pmatrix}4\\-1\\2\end{pmatrix}\right|=$$

$$\sqrt{(-3)^2+5^2+5^2}\approx 7.68$$

Der Punkt **P** liegt nicht auf der Kugel, er liegt außerhalb.

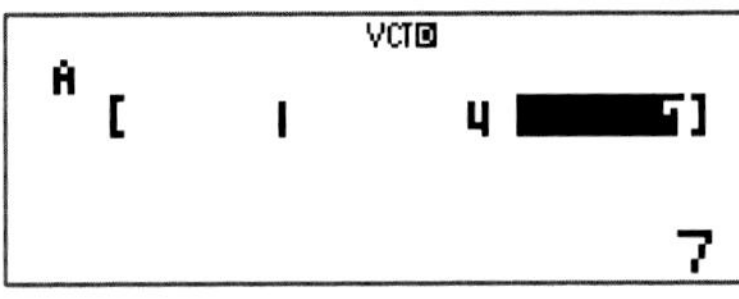

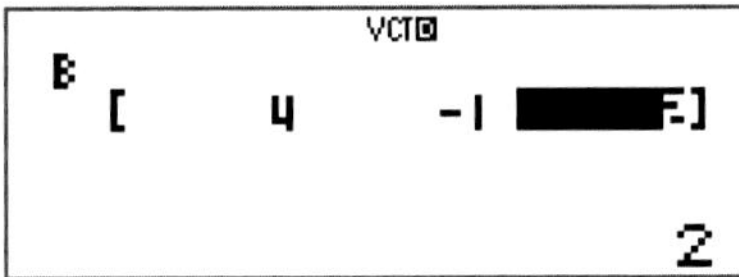

VCT
Abs(VctA-VctB)
7.681145748

10.2.11 Lagebeziehung Gerade - Kugel

Eine Gerade kann eine Kugel schneiden (in zwei Punkten), berühren (in einem Punkt) oder an der Kugel vorbei verlaufen.

Wir wollen prüfen, ob die Gerade

$$g: \vec{x} = \begin{pmatrix} 3 \\ 2 \\ 2 \end{pmatrix} + \lambda \cdot \begin{pmatrix} 1 \\ 1 \\ 1 \end{pmatrix},$$

die Kugel mit der Gleichung

$$(x_1 - 4)^2 + (x_2 + 1)^2 + (x_3 - 2)^2 = 6^2$$

schneidet. Wir stellen die Geradengleichung um und setzen die Werte für x_1, x_2, x_3 in die Koordinatengleichung der Kugel ein.

$$\begin{pmatrix} x_1 \\ x_2 \\ x_3 \end{pmatrix} = \begin{pmatrix} 3 \\ 2 \\ 2 \end{pmatrix} + \lambda \cdot \begin{pmatrix} 1 \\ 1 \\ 1 \end{pmatrix}$$

Das führt zu einer quadratischen Gleichung, die gelöst werden muss.

$$(3 + \lambda - 4)^2 + (2 + \lambda + 1)^2 + (2 + \lambda - 2)^2 = 36$$

$$\Leftrightarrow (\lambda - 1)^2 + (\lambda + 3)^2 + \lambda^2 = 36$$

$$\Leftrightarrow \lambda^2 - 2\lambda + 1 + \lambda^2 + 6\,\lambda + 9 + \lambda^2 = 36$$

$$\Leftrightarrow \quad 3\lambda^2 + 4\,\lambda - 26 = 0$$

Anstelle von λ nehmen wir **x** und lösen eine quadratische Gleichung.

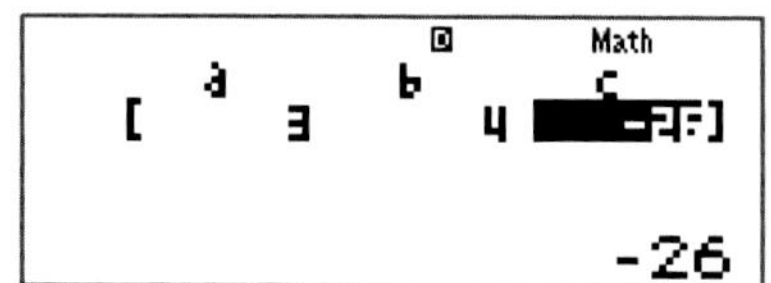

X1=
2.351795046

X2=
-3.685128379

Die quadratische Gleichung hat zwei Lösungen. Die Gerade schneidet folglich die Kugel.

Setzt man die beiden Lösungen für λ in die Geradengleichung ein, erhält man die zwei Schnittpunkte.

11 Rechnen mit Matrizen

Zur Berechnung von Aufgaben mit Matrizen wechseln wir im **Menü** in den Punkt **6: MATRIX.** Hier legen wir zunächst Matrizen an.

```
1:COMP    2:CMPLX
3:STAT    4:BASE-N
5:EQN     6:MATRIX
7:TABLE   8:VECTOR
```

11.1 Matrizen im Vektorspeicher hinterlegen

Wir können 4 Matrizen (A, B, C) definieren. Nur mit diesen Matrizen können wir später rechnen.

```
Matrix?
1:MatA    2:MatB
3:MatC
```

Wir geben die folgenden 3 x 3 Matrizen ein:

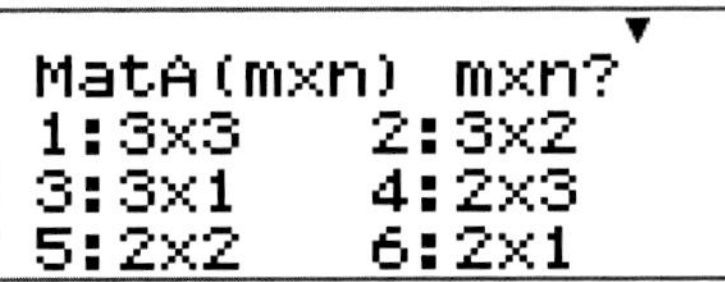

$$A = \begin{pmatrix} 1 & 0 & 3 \\ 3 & 2 & 0 \\ 4 & 1 & 5 \end{pmatrix},$$

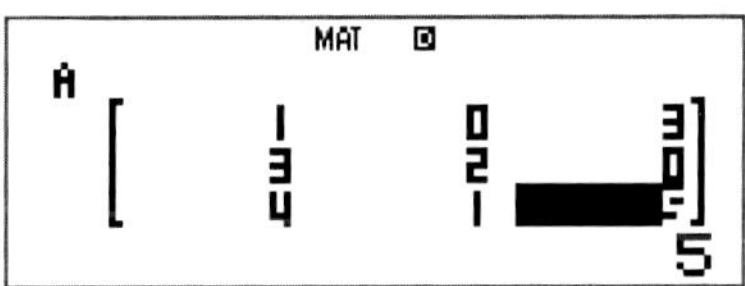

$$B = \begin{pmatrix} -1 & 2 & 0 \\ 0 & 4 & -2 \\ 1 & 3 & 5 \end{pmatrix}$$

Wir wählen 1 für **MatA** und **1: 3x3** für 3 Zeilen und 3 Spalten.

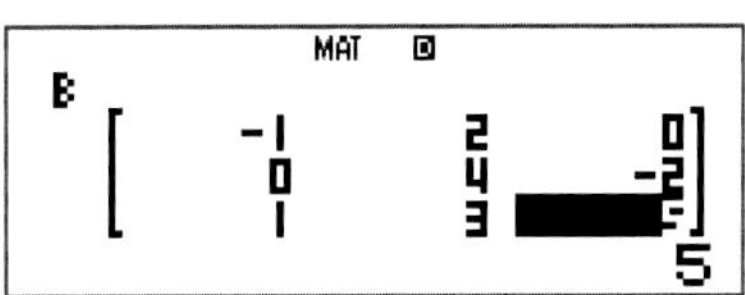

Analog geben wir die Matrix **MatB** ein.

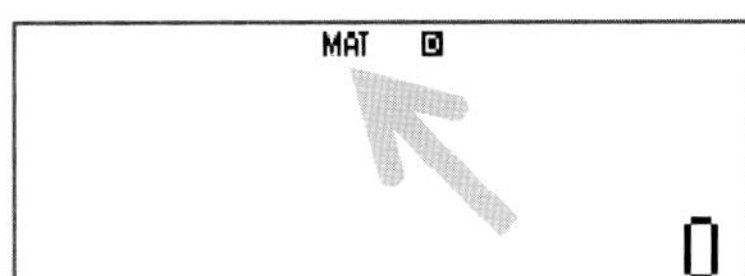

Aus dem Eingabemodus gehen wir mit der Taste **AC** heraus und wir befinden uns im **Matrix-Berechnungsfenster.** Das erkennt man immer am Text MAT oben in der Mitte des Displays.

11.2 Rechnen mit Matrizen – Addition, Vervielfachen

Wir rechnen mit den beiden Matrizen **A** und **B** aus dem vorherigen Beispiel.
Über die Tastenkombination **2nd + 4 = MATRIX** wählen wir die gewünschten Matrizen aus.

```
1:Dim     2:Data
3:MatA    4:MatB
5:MatC    6:MatAns
7:det     8:Trn
```

$A + B =$

$$\begin{pmatrix} 1 & 0 & 3 \\ 3 & 2 & 0 \\ 4 & 1 & 5 \end{pmatrix} + \begin{pmatrix} -1 & 2 & 0 \\ 0 & 4 & -2 \\ 1 & 3 & 5 \end{pmatrix}$$

$$= \begin{pmatrix} 0 & 2 & 3 \\ 3 & 6 & -2 \\ 5 & 4 & 10 \end{pmatrix}$$

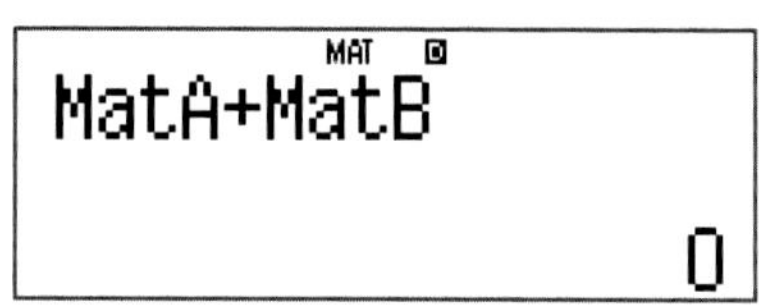

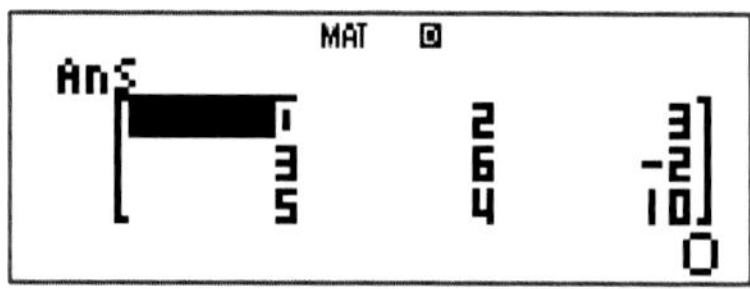

Analog berechnen wir das Vierfache einer Matrix.

$$4 \cdot A = \begin{pmatrix} 4 & 0 & 12 \\ 12 & 8 & 0 \\ 16 & 4 & 20 \end{pmatrix}$$

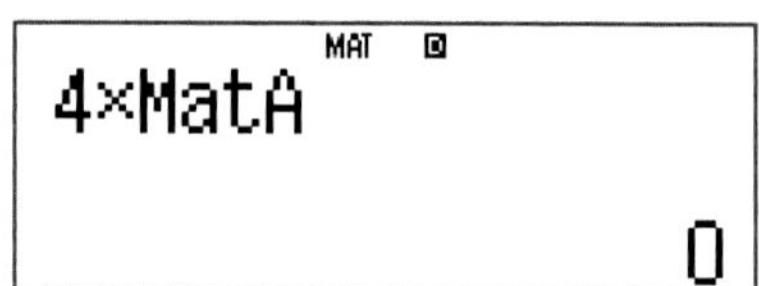

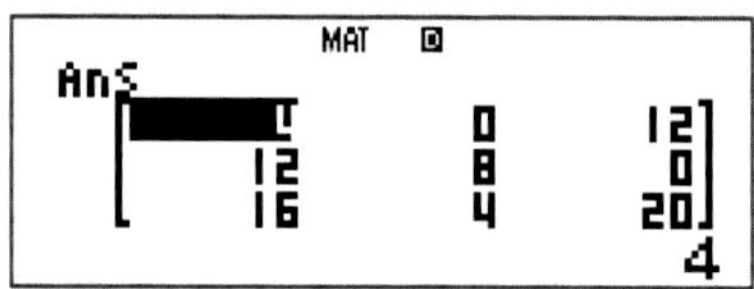

11.3 Determinante - Transponierte - Stufenform

Drücken wir die Taste **2nd + 4 = MATRIX**, erhalten wir die Auswahl folgender Funktionen:

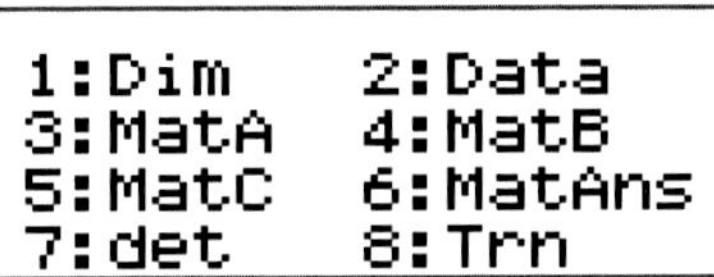

Auswahlfenster

6: MatAns
liefert die Matrix im Antwortspeicher.

7: det
berechnet die Determinante einer Matrix.

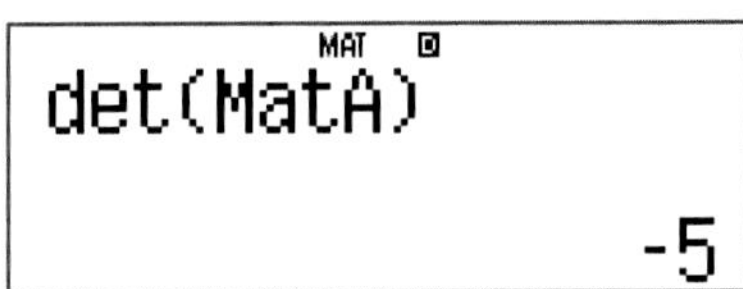

8: Trn
berechnet die Transponierte einer Matrix.

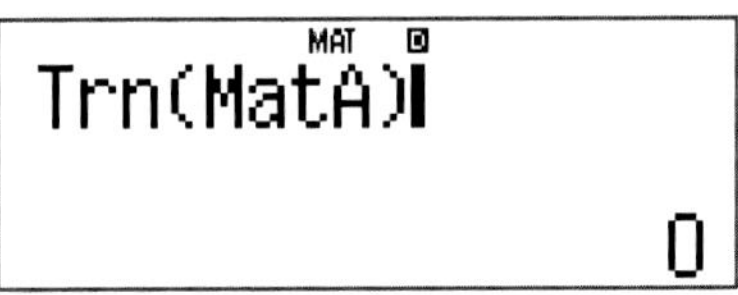

Die Matrix wählen wir jeweils wieder über **2nd + 4** aus.

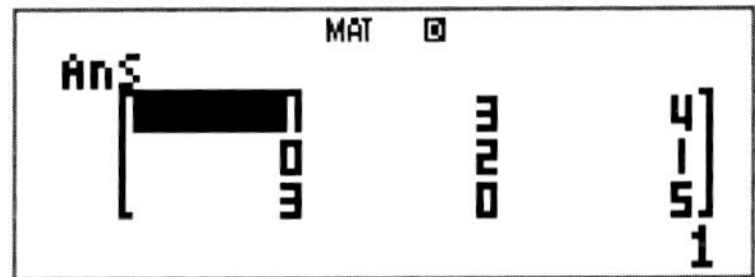

12 Lösungen zu den Übungsaufgaben

12.1 Lösungen zu Kapitel 1

1 a)

30÷4
$\frac{15}{2}$

Setup, 2. Seite

1:ab/c 2:d/c
3:STAT 4:Rdec
5:Disp 6:◀CONT▶

2: d/c

1 b)

30÷4
$7\frac{1}{2}$

1: ab/c

1:ab/c 2:d/c
3:STAT 4:Rdec
5:Disp 6:◀CONT▶

2 a)

667789

66789÷9
7421

2 b)

sin(39)

sin(30)
$\frac{1}{2}$

2 c)

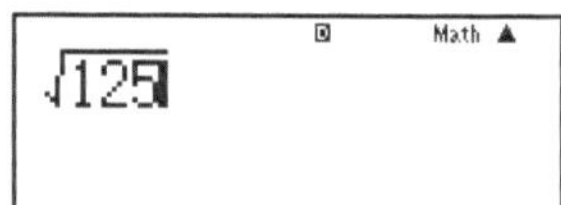

√121
11

3 a)

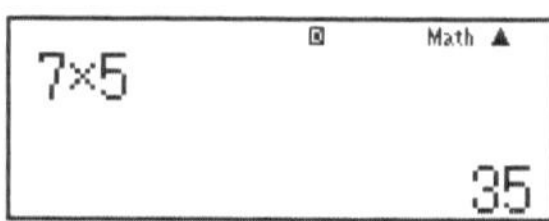

Ans−5
30

Eingabe	Ergebnis
Ans÷10	3
Ans^2	9

3 b)

Eingabe	Ergebnis
3^7	2187
Ans÷9	243
Ans−3	240
Ans+16	256
$\sqrt[4]{Ans}$	4

12.2 Lösungen zu Kapitel 2

12.2.1 Zahlendarstellung

1. Taste: **F<>D**

a) 0,15 b) 0,375 c) 0,04 d) 1,75

2. a) $\frac{3}{8}$ b) $\frac{2}{5}$ c) $\frac{4}{25}$ d) $\frac{7}{25}$

3. a)

Math ▲
3⏨-3
$\frac{3}{1000}$

b)

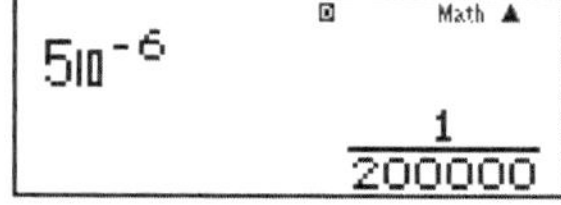

c)

Math ▲
10×⏨9
1×⏨10

d)

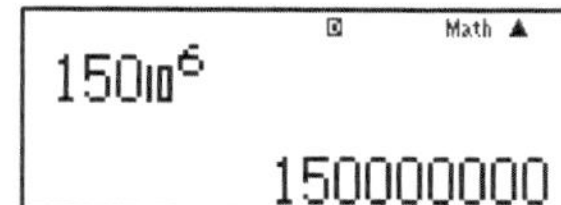

4. a)

Math ▲
5.784×10000×200▷
5.784×⏨12

b)

Math ▲
2.76×⏨23×1.5⏨-5▷
1.1178×⏨18

c)

Math ▲
(2.5⏨12)÷(50⏨-6▷
5×⏨18

12.2.2 Bruchrechnung

1. a) $\frac{1}{2}+\frac{3}{5}+\frac{5}{6}$ Math ▲ $1\frac{14}{15}$

   b) $\frac{3}{8}-\frac{3}{4}+\frac{5}{2}$ Math ▲ $2\frac{1}{8}$

   c) $\frac{1}{3}-\frac{2}{9}+\frac{1}{6}$ Math ▲ $\frac{5}{18}$

2. a) $\frac{15}{4}\div\frac{5}{2}$ Math ▲ $\frac{3}{2}$

   b) $-\frac{18}{10}\div 0.6$ Math ▲ -3

   c) $-\frac{28}{10}\div\left(-\frac{14}{25}\right)$ Math ▲ 5

3. a) $\frac{\frac{3}{8}\times\left(\frac{1}{2}-\frac{3}{8}\right)^{2}}{\frac{1}{24}}$ Math ▲ $\frac{9}{64}$

   b) $2-\frac{\frac{7}{6}-\frac{2}{3}}{\frac{1}{4}}$ Math ▲ 0

12.2.3 Prozentrechnung

1. a) 150×7% Math ▲ 10.5

   b) 299×19% Math ▲ 56.81

   c) 85%×350 Math ▲ 297.5

2. a) 30÷200 = 0.15 b) 60÷3000 = 0.02

c) 299÷5000 = 0.0598

3. a) 24.95×70% = 17.465 b) 89.90×70% = 62.93

c) 129×70% = 90.3

12.2.4 Übungen – Wurzeln

1. a) $\sqrt{243}\times\sqrt{27}$ = 81 b) $2\times\sqrt{12}\times\sqrt{75}$ = 60

c) $\sqrt{120}\times\sqrt{3}$ = $6\sqrt{10}$

2. a) $\sqrt[3]{27}\times\sqrt[5]{32}$ = 6 b) $\frac{\sqrt{256}}{\sqrt{32}}$ = $2\sqrt{2}$

c) $\sqrt[3]{3^9}$ = 27

12.2.5 Übungen – Potenzen

1. a) 

3^4 = 81

b) 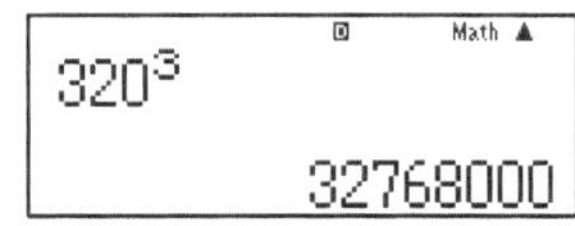

c) 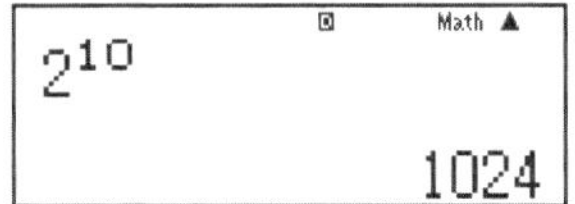

d) 2^{24} = 16777216

2. a) $3^2 \times 4^3 \times 5^4 \times 6^5$ = 2799360000

b) $3^7 \div 10^4$ = 0.2187

c) $10^6 \div 10^{-4}$ = 1×10^{10}

12.2.6 Zufallszahlen

1. 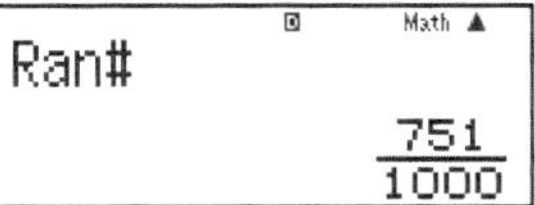

Eine einzelne Zufallszahl.

2. 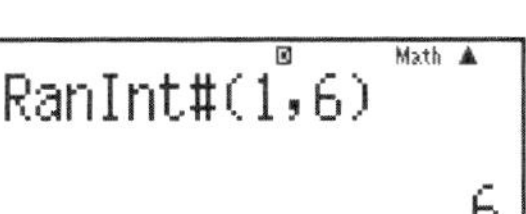

Eine Zufallszahl zwischen 1 und 6.

3. 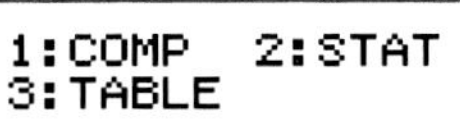

Die Zufallsfunktion wird als Tabelle dargestellt. (**3: TABLE**)

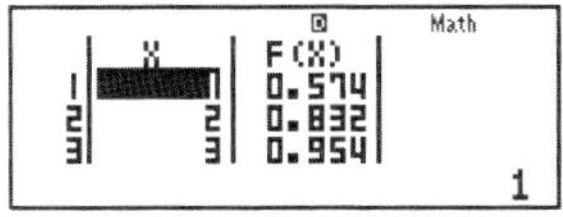

12.2.7 Übungen – Trigonometrie

1. a) $sin(30°) = \frac{1}{2}$ b) $sin(90°) = 1$

c) $cos(\frac{\pi}{4}) = \frac{\sqrt{2}}{2}$ d) $sin(\frac{2\pi}{3}) = \frac{\sqrt{3}}{2}$

12.3 Lösungen zu Kapitel 3

Einheiten umrechnen

1. a) 20 m/s = 72 km/h
   b) 35 m/s = 126 km/h
   c) 17 m/s =61,2 km/h

2. Rechne um!

a)	2 Inch	in cm	= 5,08 cm
b)	100 Yard	in m	= 91,44 m
c)	25 Seemeilen	in m	= 46300 m
d)	20 Knoten	in km/h	= 10,28 m/s = 37,039.. km/h
e)	25000000 m^2	in ha	= 2500 ha
f)	15000 Liter	in m^3	= 15 m^3
g)	300 m^3	in Liter	= 300000 l

12.4 Lösungen zu Kapitel 5

12.4.1 Terme

1. a)

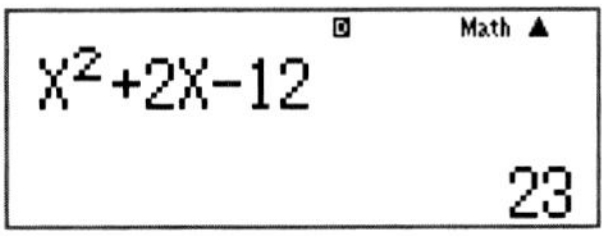

$X^2+2X-12$

23

b)

$A\times e^{B\times X}$

$A\times e^{B\times X}$

1.839397206

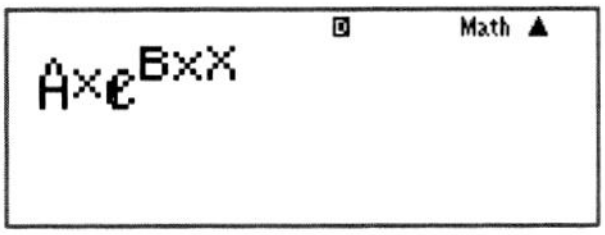

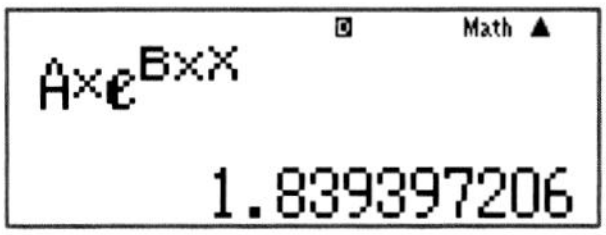

12.4.2 Gleichungen und Gleichungssysteme

1. a)

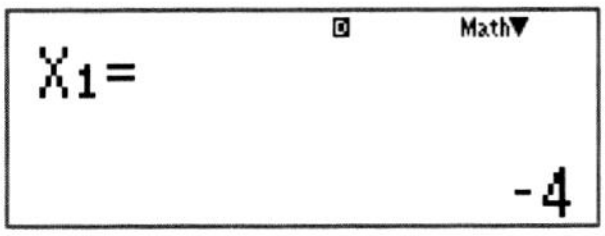

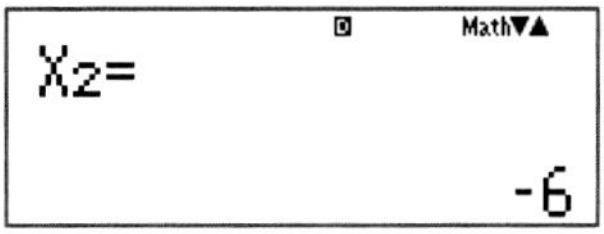

$X_1=$ -4

$X_2=$ -6

b)

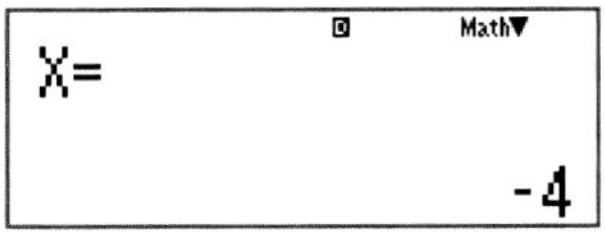

X= -4

2. a)

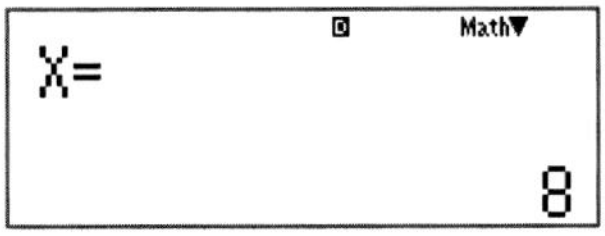

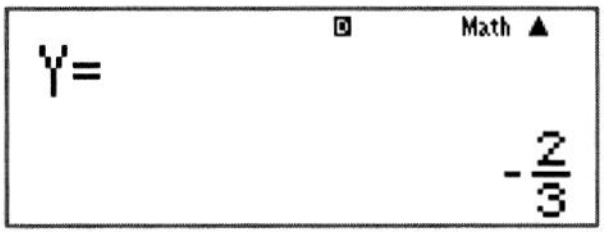

X= 8

Y= $-\frac{2}{3}$

b)

X= -2

Y= $-\frac{41}{2}$

Z= -8

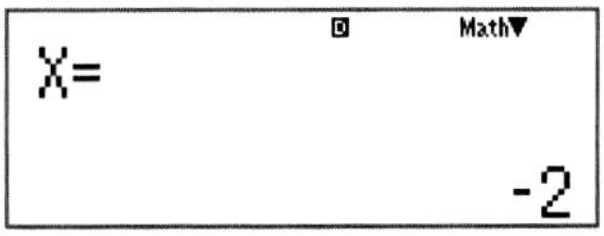

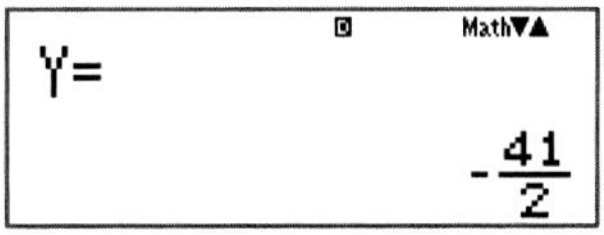

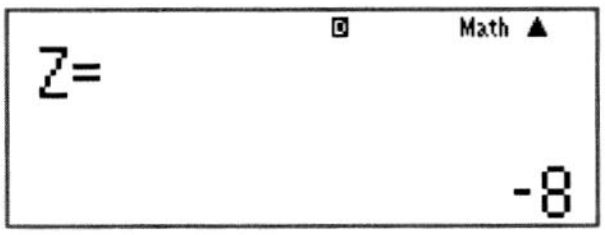

12.5 Lösungen zu Kapitel 6

Funktionswerte in einer Tabelle darstellen

1. Math

$f(X)=5\times X^2$

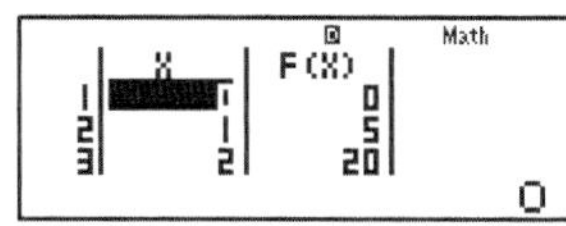

13 Übungsaufgaben für den Taschenrechner

13.1 Bruchrechnen

1. Aufgabe - Berechne

a) $\frac{15}{24}:\frac{5}{12}$ b) $-\frac{22}{7}:\left(-\frac{33}{14}\right)$

c) $\frac{128\,kg}{32}$ d) $\frac{357\,€}{51\,€}$

2. Aufgabe - Berechne

a) $0{,}36 : 0{,}9$ b) $2{,}56 : 16$ c) $0{,}324 : 0{,}009$

3. Aufgabe – Berechne: Wie oft sind enthalten

a) $\frac{3}{8}\ kg$ in $4\frac{1}{8}\ kg$

b) $1\frac{1}{5}\ h$ in $6\ h$

c) $2{,}5\ km$ in $11{,}25\ km$

4. Aufgabe - Berechne

a) $\frac{1}{8}+\frac{0{,}7-(0{,}4)^2}{0{,}18}$

b) $\frac{4\cdot 0{,}3\ +\ 0{,}4\cdot 3}{0{,}24}$

c) $\frac{\frac{3}{5}\cdot\frac{3}{2}+0{,}1}{0{,}01}$

5. Aufgabe - Textaufgabe

An deiner Schule besuchen 54 Schüler eine Musikklasse. Das sind $\frac{3}{50}$ aller Schüler der Schule. Wie viele Schüler hat deine Schule in diesem Fall insgesamt?

6. Aufgabe - Textaufgabe

Für deine Stadt findest du folgende Niederschlagstabelle.
Monatswerte Niederschlag in l/m²

Monat/Jahr	**2003**	**2005**
Januar	71,8	42,7
Februar	13,3	43,1
März	16,5	23,4
April	20,8	45,9
Mai	81,8	46,2
Juni	22,2	55,0
Juli	44,3	67,8
August	32,7	48,7
September	35,1	57,1
Oktober	45,0	28,6
November	28,1	37,5
Dezember	30,8	34,5

a) Berechne für jedes Jahr den Monatsdurchschnitt (Mittelwert der monatl. Niederschlagsmenge), runde auf eine Stelle hinter dem Komma!

b) In welchem Jahr regnete es am meisten?

c) In welchem Monat, in welchem Jahr gab es den größten Niederschlag?

13.2 Prozentrechnung

Die MwSt. beträgt in diesen Aufgaben immer **7 %.**

1.	Brutto:	7,95 €	Netto:		MwSt. Betrag:	
2.	Brutto:	10,95 €	Netto:		MwSt. Betrag:	
3.	Brutto:	12,00 €	Netto:		MwSt. Betrag:	
4.	Brutto:	30,00 €	Netto:		MwSt. Betrag:	
5.	Brutto:	24,90 €	Netto:		MwSt. Betrag:	
6.	Brutto:	1,28 €	Netto:		MwSt. Betrag:	
7.	Brutto:	99,00 €	Netto:		MwSt. Betrag:	
8.	Brutto:		Netto:	2,33 €	MwSt. Betrag:	
9.	Brutto:		Netto:	24,11 €	MwSt. Betrag:	
10.	Brutto:		Netto:	0,93 €	MwSt. Betrag:	
11.	Brutto:		Netto:	0,93 €	MwSt. Betrag:	
12.	Brutto:		Netto:	0,46 €	MwSt. Betrag:	
13.	Brutto:		Netto:	1,30 €	MwSt. Betrag:	
14.	Brutto:		Netto:	45,79 €	MwSt. Betrag:	
15.	Brutto:		Netto:	1,21 €	MwSt. Betrag:	
16.	Brutto:		Netto:		MwSt. Betrag:	0,84 €
17.	Brutto:		Netto:		MwSt. Betrag:	1,31 €
18.	Brutto:		Netto:		MwSt. Betrag:	1,14 €
19.	Brutto:		Netto:		MwSt. Betrag:	1,31 €
20.	Brutto:		Netto:		MwSt. Betrag:	45,79 €

13.3 Zinsrechnung

Nachricht 1: Börse aktuell

Frankfurt/Main - Die PeKomm Aktie hatte zu Jahresbeginn 2000 einen Börsenkurs von 78,50 €. Die Wertentwicklung sah wie folgt aus:

Im 1. Jahr, Jan-Dez: +15 %
Im 2. Jahr, Jan-Dez: -7 %
Im 3. Jahr, Jan-Dez: +12 %
Im 4. Jahr, Jan-Dez: +18 %

Bei welchem Kurs steht die Aktie am Ende d. 4. Jahres?

Nachricht 2:
Januar bis September 2006: 8,3 % mehr Güter auf deutschen Schienen

WIESBADEN - Auf deutschen Schienenwegen wurden nach Mitteilung des Statistischen Bundesamtes von Januar bis September 2006 253,2 Millionen Tonnen an Gütern transportiert. Das war gegenüber dem entsprechenden Vorjahreszeitraum ein Plus von 8,3 %. Wie viele Millionen Tonnen wurden im Vergleichszeitraum 2005 transportiert?

Nachricht 3: Ein Haus 2006 oder 2007 kaufen?

Ein Immobilienmakler erhält bei der Vermittlung eines Hauses eine Provision von 3 %. Auf diesen Betrag muss zusätzlich noch die Mehrwertsteuer (bis 31.12.2006: 16 %, ab 01.01.2007: 19 %) gezahlt werden. Familie Schlaufuchs interessiert sich für ein Haus, das im Jahr 2006 249.000,- € kosten soll. Im Januar 2007 könnte man das gleiche Haus für 246.000,- € kaufen, wenn da nicht die Mehrwertsteuererhöhung wäre und dadurch die Maklerprovision steigen würde. Stelle die Kosten dar. Wann ist ein Kauf günstiger, heute oder im Januar 2007?

Nachricht 4: Sparen für den Führerschein

Die durchschnittliche Verzinsung für ein Sparguthaben beträgt 2 %. Die Zinsen werden am Ende jeden Jahres dem Konto gutgeschrieben und vergrößern das Guthaben. Bei deiner Geburt wurde ein Sparbuch angelegt. Nach genau 13 Jahren beträgt das Guthaben 4527,62 €.

a) Wie hoch war der Betrag, der vor 13 Jahren angelegt wurde?
b) Wie viel Geld wird auf dem Sparbuch zu deinem 18. Geburtstag sein?

13.4 Anwendungsaufgabe – Fliesen verlegen

In der Küche von Familie Müller sollen Bodenfliesen verlegt werden.
Die Grundfläche hat folgende Form und Maße:

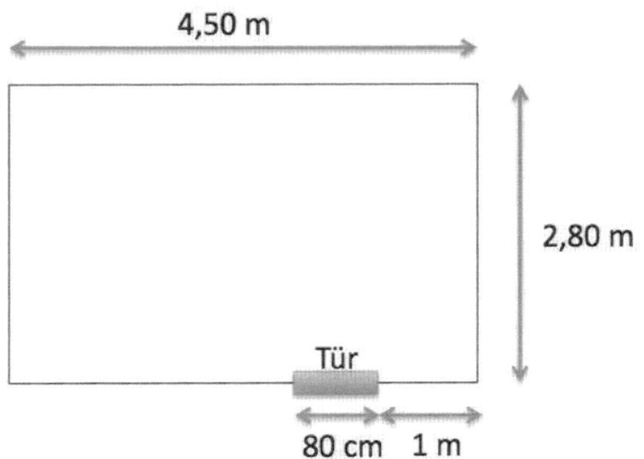

Preise:
Material Arbeitskosten

1 m² Fliesen: 35,00 €
1 m² Fliesen-Fugenmasse: 5,80 €
1 m² Fliesenkleber: 8,90 €

1 m² Fliesen verlegen: 29,00 €
1 m² Fugen ausfüllen: 15,00 €

Alle Preise verstehen sich netto ohne MwSt.

Es sollen rechteckige Fliesen der Größe 25 cm x 40 cm verwendet werden.

Aufgaben

a) Wie viele Quadratmeter Fliesen müssen verlegt werden?

b) Wie viele Fliesen sind das insgesamt?

c) Fertige eine Skizze an, wie die Fliesen am besten gelegt werden, um die geringste Anzahl an Fliesen zu benötigen.

d) Wie hoch wird die Rechnung einschließlich MwSt. von 19 %?

13.5 Anwendungsaufgabe – Renovierung

Das Wohnzimmer soll renoviert werden. Das Zimmer ist L-förmig und die Maße können der Skizze entnommen werden. Die Höhe des Zimmers beträgt 2,30 m. Die Eingangstür ist einschließlich Türrahmen 110 cm breit und 210 cm hoch. Die Fenster sind alle gleich groß. Sie sind 1,50 m breit und 90 cm hoch. Alle Wände und die Decke sollen neu angestrichen werden.
Hinweis: Das Zimmer hat eine Fußbodenheizung, so dass keine Heizkörper an den Wänden hängen!

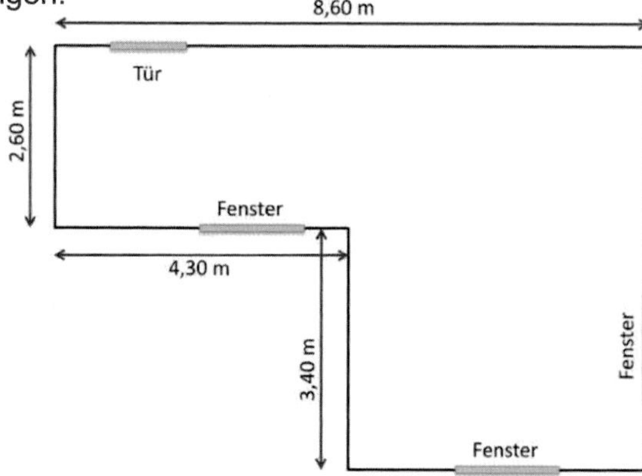

Aufgaben

a) Wie groß ist die Deckenfläche, die Wandfläche und die Gesamtfläche in m²?

b) Welches Angebot der beiden Malerfirmen ist günstiger?

Firma KLECKSEL macht folgendes Angebot:

1 m² Farbe: 2,10 €
1 m² Wand anstreichen: 4,80 €
1 m² Bodenfläche abkleben: 1,20 €

Alle Preise zuzüglich der Mehrwertsteuer von 19 %.

Firma FARBENFROH mach folgendes Angebot:

1 h Stundenlohn für die Arbeit des Malergesellen: 21,50 €
1 h Stundenlohn für die Arbeit des Malermeisters: 35,70 €
Materialkosten Farbe: 400,00 €
Materialkosten Kleinteile: 120,00 €

Für den berechneten Raum wird folgende Zeit benötigt:
25 h Arbeit für den Malergesellen, 12 h Arbeit für den Malermeister.
Alle Preise zuzüglich der Mehrwertsteuer von 19 %.
Bei Barzahlung erhält man noch 3 % Rabatt auf den Rechnungsbetrag.

13.6 Anwendungsaufgabe – Hausbau

Das Dach, umbauter Raum und Baukosten

Ein freistehendes Haus hat eine Dachneigung von 30° und folgende Maße:

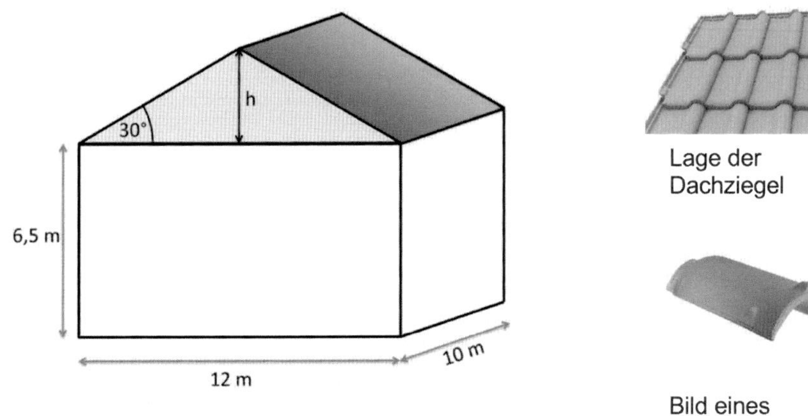

Lage der Dachziegel

Bild eines Firstziegels

Aufgaben

a) Wie groß ist die Dachfläche in m² und die Dachhöhe h in cm?

b) Ein rechteckiger Ziegelstein hat die Abmessungen 41 cm x 27 cm, wiegt 3 kg und kostet 1,20 € zuzüglich der Mehrwertsteuer von 19 %. Die Ziegelsteine überdecken sich bei der Eindeckung des Dachs um etwa 8 % ihrer Fläche. Für den Dachabschluss am First benötigt man 2,5 Firstziegel pro Meter. Ein Firstziegel kostet 12,- € und wiegt 1,2 kg.

1. Wie viele Ziegelsteine und wie viele Firstziegel werden zum Eindecken des Dachs benötigt?
2. Wie groß ist die Masse aller Ziegelsteine zusammengenommen?
3. Was kosten alle Ziegelsteine zusammen (Dachziegel + Firstziegel)?

c) Für eine Kostenschätzung der gesamten Baukosten (Rohbau + alle Installationen, Heizung, Bad, Fenster usw.) berechnet der Architekt das umbaute Volumen des Hauses: Stockwerke als Quader und das Dach als Prisma!
Anschließend werden je 1 m³ Volumen umbauter Raum Kosten in Höhe von 1500,- € angenommen. Auf diese Weise kann man die Baukosten abschätzen und grob im Voraus berechnen.

1. Wie groß ist das umbaute Volumen?
2. Wie hoch sind die zu erwartenden Baukosten?

13.7 Prozentrechnung / Verhältnisse / Dreisatz

1. Im Zoo ist in den Sommerferien Hochsaison. Von allen Besuchern hatten heute 27 % eine Jahreskarte. Das waren insgesamt 278 Personen. Wie viele Personen waren heute im Zoo?

2. In die Fußball-Arena passen 68 000 Zuschauer. 72 % aller Plätze sind durch Dauerkarten bereits reserviert. Heute befinden sich 67 400 Zuschauer im Stadion. Dabei sind 95 % aller Dauerkarten-Besitzer im Stadion.

   a) Wie viele Karten wurden an der Kasse noch verkauft?

   b) Von allen einzeln verkauften Karten wurden 23 % an die Fans der Auswärtsmannschaft vergeben. Wie viele Fans der Auswärtsmannschaft sind im Stadion?

3. Nach einem langen Streit um die Lohnerhöhungen wurde vereinbart, alle Löhne um 2,8 % zu erhöhen, jedoch mindestens um 50 €.

   a) Berechne die Lohnerhöhungen für folgende Gehälter: 1200 €, 2500 €, 4200 €.

   b) Ab welchem Gehalt bekommt jemand mehr als den Mindestbetrag von 50 € Lohnerhöhung?

4. Eine kleine Molkerei verarbeitet in dieser Woche 150 000 Liter Milch zu Butter. Aus 20 Litern Mich werden 4 Päckchen Butter zu je 250 g hergestellt. Je Liter Milch bezahlt die Molkerei den Bauern 18 Cent. 1 Liter Milch wiegt 1,02 kg.

   a) Wie viele kg Butter werden in dieser Woche produziert?

   b) Wie viel Gramm Butter kann man aus 1 Liter Milch herstellen?

   c) Was kostet die Produktion von einem Päckchen Butter, wenn man nur die Kosten für den Rohstoff Milch betrachtet?

5. Um 1 kg Käse herzustellen benötigt man zwischen 15 und 20 Liter Milch, je nach Käsesorte und Fettgehalt der unbehandelten Milch. Wir rechnen mit 17 Litern Milch für 1 kg Käse. Eine Käserei möchte am Tag 25 kg Käse herstellen und diesen für 1,95 € je 100 g verkaufen. Die Milch wird direkt vom Biobauern aus dem Dorf für 25 Cent je Liter eingekauft.

   a) Wie viele Liter Milch muss die Käserei einkaufen, um den Käse produzieren zu können?

   b) Was kostet die Milch für eine Tagesproduktion?

   c) 5 % der Produktion wird im Laufe des Tages zum Probieren kostenlos auf der Theke angeboten. Wie viel Euro hat die Käserei an diesem Tag eingenommen, wenn am Ende des Tages 90 % der Produktion verkauft wurden?

13.8 Lösungen zu den Übungsaufgaben

Zu 7.1 – Bruchrechnung

1.	a) 3/2	b) 4/3	c) 4 kg	d) 7
2.	a) 0,4	b) 0,16	c) 36	
3.	a) 11	b) 5	c) 4,5	
4.	a) 25/8	b) 10	c) 100	

5. Die Schule hat 900 Schüler.

6. a) Summe 2003 442,4 : 12 = 36,9
   2005 530,5 : 12 = 44,2

   b) In 2005 gab es mehr Regen.

   c) In 2003 im Mai: 88,1 l/m2
   In 2005 im Juli: 67,8 l/m2

Zu 7.2 – Prozentrechnung

1. Brutto: 7,95 €	Netto: 7,43 €	MwSt. Betrag: 0,52 €
2. Brutto: 10,95 €	Netto: 10,23 €	MwSt. Betrag: 0,72 €
3. Brutto: 12,00 €	Netto: 11,21 €	MwSt. Betrag: 0,79 €
4. Brutto: 30,00 €	Netto: 28,04 €	MwSt. Betrag: 1,96 €
5. Brutto: 24,90 €	Netto: 23,27 €	MwSt. Betrag: 1,63 €
6. Brutto: 1,28 €	Netto: 1,20 €	MwSt. Betrag: 0,08 €
7. Brutto: 99,00 €	Netto: 92,52 €	MwSt. Betrag: 6,48 €
8. Brutto: 2,49 €	Netto: 2,33 €	MwSt. Betrag: 0,16 €
9. Brutto: 25,80 €	Netto: 24,11 €	MwSt. Betrag: 1,69 €
10. Brutto: 1,00 €	Netto: 0,93 €	MwSt. Betrag: 0,07 €
11. Brutto: 0,99 €	Netto: 0,93 €	MwSt. Betrag: 0,06 €
12. Brutto: 0,49 €	Netto: 0,46 €	MwSt. Betrag: 0,03 €
13. Brutto: 1,39 €	Netto: 1,30 €	MwSt. Betrag: 0,09 €
14. Brutto: 49,00 €	Netto: 45,79 €	MwSt. Betrag: 3,21 €
15. Brutto: 1,29 €	Netto: 1,21 €	MwSt. Betrag: 0,08 €
16. Brutto: 12,80 €	Netto: 11,96 €	MwSt. Betrag: 0,84 €
17. Brutto: 19,95 €	Netto: 18,64 €	MwSt. Betrag: 1,31 €
18. Brutto: 17,50 €	Netto: 16,36 €	MwSt. Betrag: 1,14 €
19. Brutto: 20,00 €	Netto: 18,69 €	MwSt. Betrag: 1,31 €
20. Brutto: 700,00 €	Netto: 654,21 €	MwSt. Betrag: 45,79 €

Zu 7.3 – Zinsrechnung

1. Die Aktie steht am Ende des Jahres bei 110,97€.
   (Nach jedem Jahr wurde auf Cent genau gerundet!)

2. 253,2 Millionen = 100 % + 8,3 %
   d.h. dieser Wert entspricht 108,3 % des Vorjahreswertes.
   253,2 : 1,083 = 233,8 Millionen
   Im Vorjahreszeitraum wurden 233,8 Millionen Tonnen transportiert.

3. In 2006:

Kaufpreis	249.000,- €
Maklerprovision (3,0 %)	7 470,- €
MwSt. auf Provision (16 % von 7470,-)	1 195,20 €
	257.655,20 €

In 2007:

Kaufpreis	246.000,- €
Maklerprovision (3,0 %)	7 380,- €
MwSt. auf Provision (19 % von 7380,-)	1 402,20 €
	254.782,20 €

Das Haus ist ab Januar 2007 billiger.

4. Vor 13 Jahren wurden 3 500,- € angelegt.
   Mit 18 Jahren beträgt das Kapital 4 998,86 €.

   Die Rechnung beträgt im neuen Jahr 1328,49 € nur aufgrund der MwSt.-Erhöhung.

Zu 7.4 – Fliesen verlegen

a) $A = 12{,}6\ m^2$ b) n = 126 d) 1404,94 €

Zu 7.5 – Renovierung

a) Deckenfläche: 36,98 m^2, Wandfläche: 60,8 m^2,
Gesamtfläche: 97,78 m^2

b) Klecksel: 855,68 €, Farbenfroh: 1715,17 €.
Klecksel ist billiger.

Zu 7.6 - Hausbau – Dach

a) Höhe: 3,46 m, Fläche: 138,56 m^2

b) Ziegelsteine: n = 1361, Firstziegel: 25
Gewicht: 4113 kg, Preis: 2300,51 €

c) Volumen: 987,6 m^3, Preis: 1481400 €

Zu 7.7 - Prozentrechnung / Verhältnisse / Dreisatz gemischt

1) 1030

2) a) Dauerkartenbesitzer: 46512,
Verkaufte Karten a. d. Kasse: 20888
b) 4804

3) a) 1250 € 2570 € 4317,6 €
b) 1785,71 €

4) a) 7500 kg, b) 50 g, c) 0,9 €

5) a) V = 425 l b) 106,25 € c) 438,75 €

Abituraufgaben

Die Lösungen zu den **Abitur-Übungsaufgaben (Kapitel 14)** können über den QR-Code oder mit diesem Link

http://calcuso.link/fb2080s

auf der WEB-Seite von Calcuso herunter geladen werden.

14 Abituraufgaben

14.1 Aufgaben zur Analysis

Aufgabe aus dem IQB-Pool – gemeinsame Aufgabenpools der Länder

Papierflieger verlassen die Hand eines Werfers in einer bestimmten Abwurfhöhe, unter einem bestimmten Abwurfwinkel und mit einer bestimmten Anfangsgeschwindigkeit. Die Flugkurven können abhängig von diesen drei Bedingungen sowie von der jeweiligen Bauweise des Papierfliegers unterschiedlich verlaufen. Im Folgenden sollen drei Typen von Flugkurven unterschieden werden, die in der Abbildung schematisch dargestellt sind.

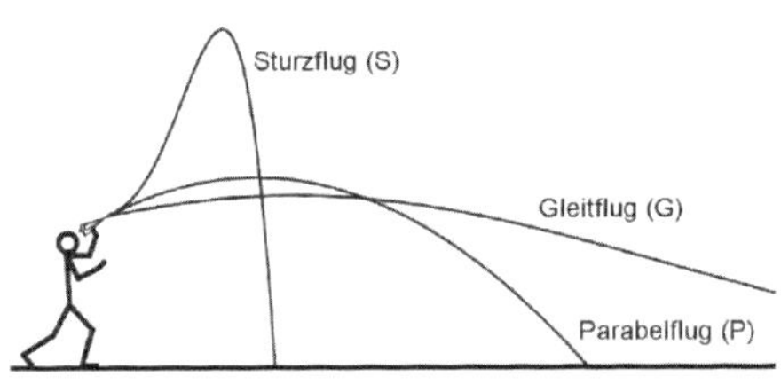

Wird die Größe der betrachteten Papierflieger vernachlässigt, können die Flugkurven bei Verwendung eines Koordinatensystems, dessen x-Achse entlang des horizontalen Bodens und dessen y-Achse durch den Abwurfpunkt verläuft, modellhaft mithilfe von Funktionen beschrieben werden. Im Folgenden soll der x-Wert der horizontalen Entfernung des Papierfliegers vom Abwurfpunkt entsprechen, der zugehörige Funktionswert der Flughöhe (jeweils in Metern).

1. Ein Papierflieger bewegt sich entlang einer Flugkurve vom Typ S. Diese kann mithilfe der in $\mathbb{R}$ definierten Funktion s mit $s(x) = -x^4 + 2x^3 + \frac{1}{2}x + 2$ beschrieben werden.

a) Geben Sie die Abwurfhöhe an und zeigen Sie, dass die Flugweite etwa 2,27 m beträgt.

b) Zeigen Sie, dass der Papierflieger seine maximale Flughöhe besitzt, wenn seine horizontale Entfernung vom Abwurfpunkt etwa 1,55 m beträgt. Geben Sie diese Flughöhe an.

c) Berechnen Sie die Koordinaten der beiden Wendepunkte des Graphen von s und geben Sie die jeweilige Steigung des Graphen von s in den Wendepunkten an.

d) Beschreiben Sie die Bedeutung des Wendepunkts mit der größeren x-Koordinate im Hinblick auf die Steigung der Flugkurve des Papierfliegers.

2. Im Folgenden wird ein Papierflieger betrachtet, der sich bei jedem Flug entlang einer Flugkurve vom Typ P bewegt. Er wird in 2 m Höhe abgeworfen und erreicht seine größte Höhe in einer horizontalen Entfernung von 2 m vom Abwurfpunkt. Seine möglichen Flugkurven lassen sich näherungsweise mithilfe ganzrationaler Funktionen zweiten Grades beschreiben.

a) Begründen Sie, dass die möglichen Flugkurven dieses Papierfliegers im Modell durch den Punkt (4|2) verlaufen.

b) Zeigen Sie, dass sich alle möglichen Flugkurven dieses Papierfliegers im Modell mithilfe der in $\mathbb{R}$ definierten Funktionen $p_k(x) = -0{,}25k \cdot x^2 + k \cdot x + 2$ und $k \in \mathbb{R}^+$ beschreiben lassen.

c) Ermitteln Sie denjenigen Wert von k, für den der Papierflieger eine Flugweite von 6 m hat. Skizzieren Sie die Graphen der Funktionen $p_{\frac{1}{4}}$ und $p_{\frac{2}{3}}$.

d) Ist ein Kurvenstück Graph einer in $[a; b]$ mit $a, b \in \mathbb{R}$ definierten Funktion h mit erster Ableitungsfunktion h', so gilt für die Länge L dieses Kurvenstücks: $L = \int_a^b \sqrt{1 + \left(h'(x)\right)^2}\,dx$.
Untersuchen Sie rechnerisch, ob $p_{\frac{1}{4}}$ oder $p_{\frac{2}{3}}$ die längere Flugkurve beschreibt.

e) Bestimmen Sie den Wert von k so, dass der Abwurfwinkel der mithilfe von p_k beschriebenen Flugkurve ebenso groß ist wie der Abwurfwinkel der mithilfe der Funktion s beschriebenen Flugkurve.

3. Die größten Flugweiten erzielen Papierflieger mit Flugkurven des Typs G. Eine solche Flugkurve soll mithilfe der in $\mathbb{R}$ definierten Funktion g mit $g(x) = 2e^{-0{,}02x^2+0{,}1x}$ beschrieben werden.

a) Beurteilen Sie die Eignung von g zur modellhaften Beschreibung der Flugkurve bezogen auf den Verlauf des Graphen von g für $x \to \infty$.

b) Die Flugweite beträgt 15,3 m. Der erste Teil der Flugkurve lässt sich mithilfe von g beschreiben. Ab einem bestimmten Punkt kann der weitere Verlauf der Flugkurve bis zum Boden durch eine Gerade dargestellt werden. Dieser zweite Teil der Flugkurve hat eine Länge von 10,6 m. Bestimmen Sie die horizontale Entfernung des Übergangs vom ersten zum zweiten Teil der Flugkurve vom Abwurfpunkt und prüfen Sie, ob dieser Übergang ohne Knick erfolgt.

14.2 Aufgaben zur Vektorrechnung

Aufgabe aus dem IQB-Pool – gemeinsame Aufgabenpools der Länder

Die Position einer Bohrplattform im Meer kann in einem kartesischen Koordinatensystem modellhaft durch den Punkt $P\ (8|43{,}2|0)$ dargestellt werden.

Die xy-Ebene beschreibt die Wasseroberfläche. Eine Längeneinheit im Koordinatensystem entspricht einem Kilometer in der Realität.

Die Besatzungen eines Boots und eines Hubschraubers werden gleichzeitig beauftragt, die Besatzung der Plattform in einer Notsituation zu unterstützen. Zum Zeitpunkt des Auftrags wird die Position des Boots durch den Punkt $B\ (13|31{,}2|0)$ dargestellt. Unmittelbar anschließend fährt es geradlinig mit der Geschwindigkeit $52\ \frac{km}{h}$ in Richtung der Plattform.

Die Position des Hubschraubers kann vom Zeitpunkt des Auftrags bis zum Beginn seiner Landephase durch die Gleichung

$$\vec{x} = \begin{pmatrix} 0{,}8 \\ 0{,}3 \\ 0{,}25 \end{pmatrix} + t \cdot \begin{pmatrix} 48 \\ 286 \\ 0 \end{pmatrix}$$

beschrieben werden. Dabei ist t die Zeit in Stunden, die seit dem Auftrag vergangen ist. Die Landephase beginnt im Modell im Punkt $H_L\ (7{,}76|\ 41{,}77|0{,}25)$.

a) Veranschaulichen Sie die Positionen der Plattform, des Boots und des Hubschraubers zum Zeitpunkt des Auftrags – unter Vernachlässigung der Flughöhe des Hubschraubers – in der xy-Ebene.

b) Begründen Sie, dass der Hubschrauber bis zur Landephase parallel zur Wasseroberfläche fliegt, und geben Sie seine Flughöhe über der Wasseroberfläche an.

c) Begründen Sie, dass die Position des Boots vom Zeitpunkt des Auftrags bis zum Erreichen der Plattform durch die Gleichung $\vec{x} = \begin{pmatrix} 13 \\ 31{,}2 \\ 0 \end{pmatrix} + t \cdot \begin{pmatrix} -20 \\ 48 \\ 0 \end{pmatrix}$ beschrieben wird, wobei t die seit dem Auftrag vergangene Zeit in Stunden ist.

d) Ermitteln Sie, wie viel Zeit vom Zeitpunkt des Auftrags an vergeht, bis das Boot die Plattform erreicht.

e) Betrachtet wird die Funktion e mit

$$e(t) = \left| \begin{pmatrix} 0{,}8 \\ 0{,}3 \\ 0{,}25 \end{pmatrix} - \begin{pmatrix} 13 \\ 31{,}2 \\ 0 \end{pmatrix} + t \cdot \left(\begin{pmatrix} 48 \\ 286 \\ 0 \end{pmatrix} - \begin{pmatrix} -20 \\ 48 \\ 0 \end{pmatrix} \right) \right|$$

und $0 < t < 0{,}145$.

Bestimmen sie denjenigen Wert von t, für den e seinen kleinsten Wert annimmt, und beschreiben Sie die Bedeutung dieses Werts im Sachzusammenhang.

f) Der Hubschrauber bewegt sich während seiner Landephase mit verringerter Geschwindigkeit geradlinig auf die horizontale Landefläche der Plattform zu, die im Modell durch den Punkt $L\,(8|43{,}2|0{,}06)$ dargestellt wird. Bestimmen Sie die Größe des Neigungswinkels der Flugbahn während der Landephase gegenüber der Horizontalen.

g) Bestimmen Sie eine Gleichung der Ebene in Koordinatenform, in der sich der Hubschrauber vom Auftrag bis zur Landung im Modell bewegt.

14.3 Aufgaben zur Wahrscheinlichkeitsrechnung

Aufgabe aus dem IQB-Pool – gemeinsame Aufgabenpools der Länder

Von allen Jugendlichen eines Landes im Alter von 14 bis 25 Jahren sind 49,20 % weiblich. 47,10 % der Jugendlichen erledigen ihre Finanzangelegenheiten regelmäßig mittels Smartphone oder Tablet. Der Anteil der Jugendlichen, die weiblich sind und ihre Finanzangelegenheiten regelmäßig mittels Smartphone oder Tablet erledigen, beträgt 19,68 %.

a) Stellen Sie den beschriebenen Sachzusammenhang in einer vollständig ausgefüllten Vierfeldertafel dar.

b) Bestimmen Sie die Wahrscheinlichkeit dafür, dass eine unter den Jugendlichen zufällig ausgewählte Person entweder männlich ist oder ihre Finanzangelegenheiten regelmäßig mittels Smartphone oder Tablet erledigt.

c) Weisen Sie nach, dass die Wahrscheinlichkeit dafür, dass eine unter den weiblichen Jugendlichen zufällig ausgewählte Person ihre Finanzangelegenheiten regelmäßig mittels Smartphone oder Tablet erledigt, 40 % beträgt.

Es werden 50 weibliche Jugendliche zufällig ausgewählt.

d) Bestimmen Sie jeweils die Wahrscheinlichkeit folgender Ereignisse:

A: „Die Hälfte der ausgewählten weiblichen Jugendlichen erledigt Finanzangelegenheiten regelmäßig mittels Smartphone oder Tablet".
B: „Mehr als die Hälfte der ausgewählten weiblichen Jugendlichen erledigen Finanzangelegenheiten regelmäßig mittels Smartphone oder Tablet".

Aus einer Gruppe von zehn Jugendlichen nutzen für Finanzangelegenheiten vier Personen nur Smartphones und sechs nur Tablets. Aus dieser Gruppe werden drei Jugendliche zufällig ausgewählt.

e) Begründen Sie, dass die Binomialverteilung für Überlegungen zur Anzahl der ausgewählten Personen, die für Finanzangelegenheiten nur Smartphones nutzen, nicht geeignet ist.

f) Bestimmen Sie die Wahrscheinlichkeit dafür, dass genau zwei der drei ausgewählten Personen für Finanzangelegenheiten nur Smartphones nutzen.

15 Wichtige Befehle | Shortcuts

Thema	Tasten / Befehle / Menü	
Allgemeine Einstellungen / Berechnungen		
Bogenmaß, Gradmaß	**2nd + MODE/SETUP** **3: Deg** und **4: Rad**	1:MthIO 2:LineIO 3:Deg 4:Rad 5:Gra 6:Fix 7:Sci 8:Norm
Dezimaldarstellung in Bruchdarstellung umwandeln.	**F<>D**	F◂▸D
Einheiten umrechnen	**2nd + 8**	CONV 8
Konstanten einfügen	**2nd + 7**	CONST 7
Gleichungen 2.-3. Grades	**Menü 5: EQN** **3:** und **4:**	1: anX+bnY=cn 2: anX+bnY+cnZ=dn 3: $aX^2+bX+c=0$ 4: $aX^3+bX^2+cX+d=0$
Lineare Gleichungssysteme	**Menü 5: EQN** **1:** und **2:**	1: anX+bnY=cn 2: anX+bnY+cnZ=dn 3: $aX^2+bX+c=0$ 4: $aX^3+bX^2+cX+d=0$

Thema	Tasten / Befehle / Menü	
Regression		
Lineare Regression	**3: STAT** **2: A+BX**	1:1-VAR 2:A+BX 3:_+CX2 4:ln X 5:e^X 6:A•B^X 7:A•X^B 8:1/X
Quadratische Regression	**3: STAT** **3: _cX^2**	1:1-VAR 2:A+BX 3:_+CX2 4:ln X 5:e^X 6:A•B^X 7:A•X^B 8:1/X
Exponentielle Regression	**3: STAT** **5: e^X** **6: A·B^X**	1:1-VAR 2:A+BX 3:_+CX2 4:ln X 5:e^X 6:A•B^X 7:A•X^B 8:1/X

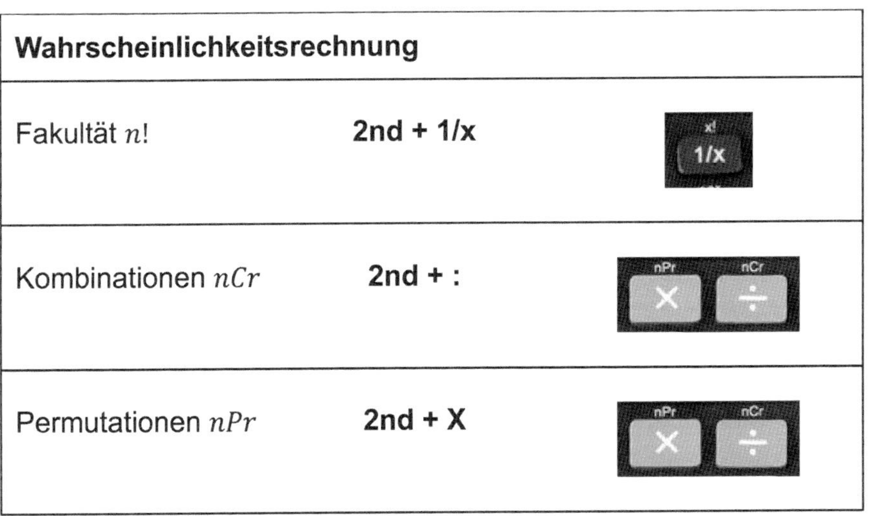

Wahrscheinlichkeitsrechnung		
Fakultät $n!$	**2nd + 1/x**	x! 1/x
Kombinationen nCr	**2nd + :**	nPr nCr
Permutationen nPr	**2nd + X**	nPr nCr

Thema	Tasten / Befehle / Menü	
Vektorrechnung		
Vektoren definieren	**Menü 8:VECTOR**	1:COMP 2:CMPLX 3:STAT 4:BASE-N 5:EQN 6:MATRIX 7:TABLE 8:VECTOR
Vektorrechnung Berechnungsmodus Optionen	**2nd + 5**	1:Dim 2:Data 3:VctA 4:VctB 5:VctC 6:VctAns 7:Dot
Länge eines Vektors	**2nd + HYP = Abs** **2nd + 5** Vektor auswählen	VCT Abs(VctA) 5.916079783
Skalarprodukt	**2nd + 5** Vektoren auswählen, Zeichen für Produkt: **2nd + 5** **7:Dot**	VCT VctA·VctB -12
Vektorprodukt	**2nd + 5** Vektoren auswählen, Zeichen für Produkt: X (Malzeichen)	VCT VctA×VctB 0

Matrizen		
Matrizen definieren	**Menü 6:MATRIX**	1:COMP 2:CMPLX 3:STAT 4:BASE-N 5:EQN 6:MATRIX 7:TABLE 8:VECTOR
Determinante Transponierte	**2nd + 4** **7: Det** **8: Trn**	1:Dim 2:Data 3:MatA 4:MatB 5:MatC 6:MatAns 7:det 8:Trn

16 Index | Stichwortverzeichnis

A

Ableitung einer Funktion 47
AC 9
ALPHA 6
Antwortspeicher 10
Ausschalten 6

B

Berechnungsfenster 12
Binomialverteilung 42
Bogenmaß 8, 23
Bruchdarstellung 8

C

Cosinus 22

D

Determinante 73
Dezimalschreibweise 12
Doppelbrüche 16

E

Einheitsmatrix 73
Einschalten 6
Einstellungen 7
Exponentielle Regression 46
Extremstellen 48

F

Fakultät 41
Frequency 39
Funktionen 34

G

Gemischte Bruchdarstellung 9
Gleichungen 30
Gleichungssysteme 32
Gradmaß 8, 22
Grundwert 17

I

Integral 50

K

Kombination 41
Kombinatorik 41
Koordinatenform 60
Kreuzprodukt 54

L

Lineare Regression 43
Lotgerade 66

M

Matrizen 71
Mittelwert 37, 38
MODE SETUP 7
MODE/SETUP 6

N

Normalenform 60

P

Permutation 41
Pfeiltasten 9
Potenzen 18
Prozentrechnung 17
Prozentsatz 17
Prozentwert 17

Q

Quadratische Gleichung 31
Quadratische Regression 45
Quadratwurzel 18

R

Rad 8
Rechenmodus 7
Regression 37, 43
reine Bruchdarstellung 9
Relative Häufigkeiten 39
Rotationskörper 51
Runden 14

S

Setup 7
Sinus 22
Skalarprodukt 54
Standardabweichung 37, 38
Statistische Berechnungen 37
Stichproben 37

T

Tabellen 35
TABLE 35
Terme 29
Transponierte 73
Trigonometrie 22

V

Vektorprodukt 54
Vektorrechnung 52

W

Wahrscheinlichkeitsrechnung 41
Wahrscheinlichkeitsverteilung 39, 42
Wendestelle 49
Winkel zwischen Vektoren 55
Winkelmaß 8
Wurzeln 18

Z

Zahlendarstellung 12
Zehnerpotenzschreibweise 12
Zufallszahlen 21